本书入选"全国中小学图书馆(室)推荐书目"

改变世界的电磁波

From ER to E.T.
How Electromagnetic Technologies Are Changing Our Lives

[美] 拉杰夫·邦萨尔（Rajeev Bansal） 著
于晓乐 倪大宁 陈胜兵 崔万照 魏 强 译

国防工业出版社

·北京·

著作权合同登记　图字:01-2022-5226号

图书在版编目(CIP)数据

改变世界的电磁波/(美)拉杰夫·邦萨尔(Rajeev Bansal)著;于晓乐等译.—北京:国防工业出版社,2023.6(2025.4重印).
书名原文:From ER to E. T. :How Electromagnetic Technologies Are Changing Our Lives
ISBN 978-7-118-13005-8

Ⅰ.①改…　Ⅱ.①拉…②于…　Ⅲ.①电磁波　Ⅳ.①O441.4

中国国家版本馆CIP数据核字(2023)第097024号

From ER to E.T.：How Electromagnetic Technologies Are Changing Our Lives(9781118458174 / 1118458176)
by Rajeev Bansal
Copyright © 2017 by The Institute of Electrical and Electronics Engineers,Inc.
All Rights Reserved. Authorised translation from the English language edition published by John Wiley & Sons Limited.
Responsibility for the accuracy of the translation rests solely with National Defense Industry Press and is not the responsibility of John Wiley & Sons Limited.
No part of this book may be reproduced in any form without the written permission of the original copyright holder, John Wiley & Sons Limited.
本书简体中文版由John Wiley & Sons, Inc. 授权国防工业出版社独家出版。
版权所有,侵权必究。

※

国防工业出版社出版发行
(北京市海淀区紫竹院南路23号　邮政编码100048)
北京虎彩文化传播有限公司印刷
新华书店经售

*

开本710×1000　1/16　印张13½　字数265千字
2025年4月第1版第4次印刷　印数4001—5000册　定价98.00元

(本书如有印装错误,我社负责调换)

国防书店：(010)88540777　　书店传真：(010)88540776
发行业务：(010)88540717　　发行传真：(010)88540762

译者序

From ER to E.T.:*How Electromagnetic Technologies Are Changing Our Lives* 是 IEEE 电磁波理论丛书之一,由 IEEE/Wiley 出版社于 2017 年 1 月出版。全书的大部分内容都基于 Rajeev Bansal 教授为 *IEEE Antenna and Propagation Magazine* 和 *Microwave Magazine* 撰写的系列专栏文章。

为了扩大本书的传播范围,作者采用了一种迥异于传统电磁学和微波理论教科书的风格,以不受数学公式束缚的行文方式来探讨电磁技术的"前世"与"今生"。作者坚信电子工程和电气工程专业的学生除了要扎实掌握基本理论之外,还应该精通技术对社会和道德的影响,并应尝试将工程问题置于更广阔的全球背景之中。全书深入浅出、妙趣横生、引经据典地把电磁学理论与军事通信、移动互联、医疗器械、科学探索等领域的应用密切结合起来,更好地满足了电磁场与微波技术、通信工程、应用物理等专业的学生和科学爱好者的需求,并且能够拓展学生与科学爱好者的学术品味、历史格局和全球视野。本书既是作者为大众普及电磁学知识而做的努力,也是为弥补传统教科书的不足而进行的有益尝试。

全书前言、第 1、4、10 章由于晓乐翻译,第 3、6、7 章由倪大宁翻译,第 5、9 章由陈胜兵博士翻译,第 2 章由魏强翻译,第 8 章由崔万照博士翻译。全书的审校工作由崔万照博士完成,相关的知识链接由于晓乐负责整理。

深深感谢西安电子科技大学张福顺教授和北京航空航天大学谢拥军教授两位恩师的悉心指导和推荐。针对翻译过程中多领域、多学科的专业问题,西安电子科技大学张逸群教授,陕西电子技术研究所李兵博士,北京理工大学于季弘教授,中国空间技术研究院遥感卫星总体部刘亚利博士,中国科学院大学尚雪副教授,重庆大学廖勇副研究员,中国科学院国家天文台李沙和北京空间飞行器总体设计部张涛伉俪,西安市翠华路小学高阳女士,北京空间科技信息研究所庞之浩研究员,中国空间技术研究院西安分院贺玉玲研究员、张凯高级工程师、朱舸研究员、崔兆云研究员、王瑞高级工程师等均给予了热情帮助。没有崔万照博士的鼓励、指导和帮助,我们不可能得到翻译本书的契机。在此对友人深表感谢。

感谢本书原作者 Rajeev Bansal 教授对于书中疑难问题的耐心解答。衷心感谢装备科技译著出版基金的资助以及国防工业出版社编辑的指导和帮助。

限于译者水平,翻译过程中难免出现错误,敬请读者指正。

于晓乐　倪大宁

2023 年 4 月

前言

电磁技术已经深入人们生活中的每一个角落。从微波炉加热的一杯咖啡到通过蜂窝无线网络瞬间下载到的电子书,人们每天都在享受着电磁技术带来的奇迹。我们时常在想,有朝一日射频识别芯片是否会彻底让我们失去隐私权?还有人在为我们置身其中的电磁辐射安全性问题担忧。但无论爱也好,恨也罢,我们每个人都离不开电磁技术。

本书尝试展示神奇的电磁技术如何改变人们的日常生活(如新型医疗设备中的电磁辐射技术),以及可能为人们创造的未来(如有朝一日与外星生物接触)。本书的出版源于我多年来为美国电子电气工程师协会(IEEE) *Antenna and Propagation Magazine* 和 *Microwave Magazine* 撰写的专栏文章。根据收到的读者评论,理工科学生、工程师、学界同仁和很多公众读者对我的专栏文章颇为认可。在酝酿本书的过程中,我始终秉承两个理念:

(1) 保持原始专栏文章中不涉及数学公式的行文方式,从而使本书可以得到最大范围的传播;

(2) 对与电磁场教材相关的附加技术细节和网络资源链接精心编排,以便为电磁场(以及相关领域的)专业的学生和教师提供一本有用的教材补充读物。

基于第二个理念,可能会注意到在向学生讲授电气工程课程的认可准则时,除了强调要扎实掌握技术内容之外,还应深入了解技术的社会和道德影响,并学习将工程问题置于更广阔的全球背景之下。本书将尽力满足学生的需求。基于此,我在不同篇章中采用了多种写作口吻,但内容始终简洁易懂,这样大家可以快速阅读和讨论,且不需要花费大量时间了解相关的技术材料。我曾用这种方式在面向非工程专业的大学一年级新生和大学三、四年级的电磁场/微波专业课中授课。本书出版的另一个目的是引导学生研读本书,以求更加钻研这一专业(终生学习)。在每个章节之后列出了引用的参考文献,大多数文献是可以在互联网上获得的。

本书中的主要技术条目都根据应用与兴趣进行了分类;受到英国六人喜剧团体巨蟒剧团《前所未有的表演》这部电影的启迪,我在本书中以"小测验"等方式穿插了很多有趣的花絮。衷心希望读者在阅读时能够感受到我本人在撰写本书时的乐趣。

关于作者

拉杰夫·邦萨尔于 1981 年在美国哈佛大学获得应用物理专业博士学位,后就职于康涅狄格大学并在应用电磁学领域开展教学和研究工作,曾担任该校教授和电子与计算工程系主任,目前是该校荣休教授。他的学术成就主要包括 4 部专著 Fundamentals of Engineering Electromagnetics(2006 年)、Engineering Electromagnetics: Applications(2006 年)、Handbook of Engineering Electromagnetics(2004 年)、From ER to E.T.: How Electromagnetic Technologies Are Changing Our Lives(2017 年))、2 项发明专利(1989 年和 1993 年)以及 100 余篇(章)期刊论文、会议论文和专著章节。主要学术任职包括:Journal of Electromagnetic Waves and Applications 编辑、审稿人,Radio Science 期刊副主编,以及 IETE Technical Review 和 International Journal of RF & Microware CAE 两个期刊的编委。他还为 IEEE Antennas and Propagation Magazine(1987 年至今)和 IEEE Microwave Magazine(自该杂志 2000 年成立以来)撰写专栏文章。邦萨尔博士是美国电磁科学院院士、康涅狄格州科学与工程院院士以及 IEEE 高级会员,还曾担任美国海军水下作战中心技术顾问。

致 谢

我要感谢 IEEE *Antenna and Propagation Magazine*（我的大部分专栏文章发表之地）的主编罗斯·斯通和玛塔·姆加达姆以及 *Microwave Magazine* 的编辑们多年以来对我的支持。感谢时任 IEEE/Wiley 出版社组稿编辑曾田先生和众多审稿人给予我的宝贵意见。我还要深深感谢 IEEE/Wiley 出版社的编辑玛丽·哈彻女士：我因个人原因耽误了交稿，而她将交稿截止期限推迟了两年；她还帮我找到了相关图片的网络资源（Pixabay）。最后我还要对我的家人表示感谢，没有她们的鼓励，这本书是不可能呈现在读者面前的。

拉杰夫·邦萨尔

目 录

第1章 站在巨人的肩上 1

    1.1 四手联弹,海蒂·拉玛萌发跳频通信智慧 1

    1.2 天才少年,教学研究商业兼攻 4

    1.3 站在巨人肩上 6

    1.4 自己动手?——富兰克林的风筝实验 9

    1.5 富兰克林究竟做没做过风筝实验 11

    1.6 吉尔伯特著《磁论》 13

    1.7 "尤里卡"时刻 16

    1.8 贝尔实验室的高光时刻 18

    1.9 量子电动力学——是否如同 δ 函数一般奇异 21

    1.10 不发表,就出局——追忆历任卢卡斯数学教授 23

    你知道吗? 小测验(一) 25

    参考文献 26

第2章 地球以及之外 27

    2.1 在旁观者眼中 27

    2.2 红玫瑰和紫罗兰 30

    2.3 艰辛旅程——地球物理学家梦想到达地心 33

    2.4 何者先至:是大爆炸还是大塌缩 35

    2.5 在黑暗中吹口哨? 38

2.6　超越自拍 ·· 40
你知道吗？小测验(二) ···································· 42

第3章　寻找地外文明 ·· 47

3.1　小绿人：幽灵的威胁？ ································ 47
3.2　等待戈多？ ·· 50
3.3　里面有人吗？ ·· 53
3.4　寻找"戴森球"——科学抑或科幻小说 ················ 55
你知道吗？小测验(三) ···································· 58

第4章　职业精神：道德与法律 ·································· 63

4.1　太阳风车的物理学原理——是麦克斯韦欺骗了大家吗？ ······ 63
4.2　手机与癌症：基于法律观点的剖析 ···················· 65
4.3　美国专利商标局——两百岁生日快乐 ·················· 67
4.4　"超光速天线"专利——爱因斯坦已经不是专利审查员 ······ 70
4.5　波音公司的"脏盒"伪基站——人们看到的不仅是一架飞机 ··· 73
你知道吗？小测验(四) ···································· 75

第5章　电磁场对健康的影响 ·································· 80

5.1　跟手机说"再见"(AU REVOIR)？ ···················· 80
5.2　电磁过敏症 ·· 82
5.3　从钟楼到手机信号塔 ·································· 84
5.4　反安慰剂效应 ·· 87
5.5　磁力牵引——是生物效应还是医疗应用 ················ 89
5.6　与其他类型辐射的密切接触 ··························· 91
你知道吗？小测验(五) ···································· 94

第6章　生物医学应用 ·· 98

6.1　多少位生物学家才能修好一台收音机 ·················· 98

6.2	生物医学与工程中的大挑战	101
6.3	生物医学应用——从电磁技术看未来的商业热点	103
6.4	扣动心弦	105
6.5	晴天"震颤"	107
6.6	植入式医疗器械——无线通信技术的下一个"蓝海"	109
6.7	采用微波热疗治疗癌症	111
	你知道吗？小测验（六）	113

第7章 军事应用 ... 117

7.1	瓦尔多何在	117
7.2	"抗磁体"斗篷——在磁场环境中隐藏潜艇的操作指南	119
7.3	用微波脉冲制止飞车追逐	121
7.4	非致命武器是否会成为21世纪的战争利器	122
7.5	单翼返航志忑归	125
7.6	极低频对潜通信技术的兴衰史	127
7.7	电磁干扰——斯卡利教授阴谋论学说的依据	130
7.8	犯罪干预——防止核电磁脉冲武器的滥用	133
7.9	无线网络——下一个电子战战场吗	135
	你知道吗？小测验（七）	137

第8章 家庭和工业应用 ... 142

8.1	风中飘扬	142
8.2	车路协同	144
8.3	不再稀缺吗	146
8.4	局部采暖	148
8.5	射频识别技术即将广泛普及	150
8.7	无线充电技术的未来	155
8.8	电磁污染还是可持续能源？	158

你知道吗？小测验(八) ·········· 159

第9章 通信系统 ·········· 163

9.1 小即是美 ·········· 163

9.2 吉比特 Wi-Fi ·········· 166

9.3 开放频谱：公地的悲剧？ ·········· 167

9.4 近场通信 ·········· 170

9.5 全新体制的数字电话？ ·········· 172

9.6 电子对抗 ·········· 174

你知道吗？小测验(九) ·········· 176

第10章 终生学习 ·········· 181

10.1 回到基本原理 ·········· 181

10.2 颂祷唱诗班？ ·········· 184

10.3 林道诺贝尔奖得主者大会 ·········· 187

10.4 魔镜啊，21世纪最伟大的方程是哪个？ ·········· 189

10.5 评选十大经典方程 ·········· 192

10.6 新年定律(决心) ·········· 193

10.7 犹在镜中 ·········· 196

10.8 比小说还奇幻？——雷·库兹韦尔的预言 ·········· 198

10.9 高频技术的教育：您怎么看？ ·········· 201

译者简介 ·········· 204

第1章
站在巨人的肩上

"如果说我看的更远,那是因为我站在巨人的肩上。"

——艾萨克·牛顿(1642—1727年)

1.1 四手联弹,海蒂·拉玛萌发跳频通信智慧

海蒂·拉玛(1914—2000年)是好莱坞黄金时代的著名电影明星。她曾经说:"任何一个女孩都可以是楚楚动人的,她只需要静静地站在那里,看起来傻傻的就可以了。"然而,也正是拉玛在闲暇时间与他人共同发明了用于引导鱼雷的跳频无线电控制系统——是的,我可没开玩笑。拉玛1942年获得授权的专利发明(专利授权号为US 2292387)在多年后终于得到了认可。1997年3月12日,她的儿子代表她在旧金山的颁奖仪式上接受了电子学前沿基金奖,颁奖缘由是"海蒂·拉玛为前沿电子学领域做出的杰出贡献"。

这一系列匪夷所思的事件始于第二次世界大战前的维也纳。出生于奥地利的拉玛于1933年嫁给了弗里茨·曼德尔——一位在奥地利颇有名望的军火制造商。曼德尔家可谓奥地利上流社会的"名利场",常有政界和军界人士前来造访。曼德尔对控制系统颇有兴趣和造诣,显然拉玛受他影响也略通一二。在他们于1937年离婚后,拉玛移民美国并投身好莱坞。

改变世界的电磁波

1940 年的一个夏日,拉玛和她的邻居——前卫作曲家乔治·安泰尔一起弹奏钢琴,一首即兴创作的乐曲随着琴键的上下敲击而动听地演奏出来。当他们讨论战争局势的时候,拉玛忽然提出了"跳频"的概念,即通过发射机和接收机之间的同步技术实现鱼雷的保密(抗干扰)无线电控制。安泰尔则根据他本人在自动演奏钢琴方面的经验,建议在拉玛设想的用于控制鱼雷的跳频通信系统中,采用与自动演奏钢琴纸卷类似的打孔纸卷。事实上,当他们 1941 年 6 月申请专利时,跳频技术方案采用了开槽纸卷和 88 个频率,而 88 这个数字正好对应钢琴琴键数量。这项专利还包括用飞机导引鱼雷的技术方案。

知识链接:

海蒂·拉玛

海蒂·拉玛(Hedy Lamarr,1914 年 11 月 9 日—2000 年 1 月 19 日),原名海德维希·爱娃·玛丽娅·基斯勒,出生于奥地利维也纳,1953 年加入美国国籍,演员、发明家,被誉为好莱坞黄金时代"最美丽的女人"。尽管她拍摄了不少电影,且合作的演员不乏克拉克·盖博这样的知名影星,但似乎总是处于一种"人红戏不红"的状态,电影的知名度远没有她本人的知名度高。2000 年 1 月 19 日,海蒂·拉玛在佛罗里达逝世,享年 85 岁。她于 2014 年入选美国发明家名人堂。

尽管这项专利在 1942 年得以授权,但他们在向美国海军证明这一鱼雷控制技术的实用性方面遇到了重重困难。具有讽刺意味的是,正是安泰尔将自动演奏钢琴作为跳频系统实施方案的建议坏了事儿。安泰尔后来在回忆录中写道:"拉玛和我试着用自动演奏钢琴的案例来向人们更好地阐明这项专利的基本原理。但很显然我们犯了一个错误,华盛顿的那些官老爷们在审视我们的专利时只看到了'自动演奏钢琴'这几个字。""'我的天,'他们似乎在说,'我们得把自动演奏钢琴装进鱼雷里'。"尽管安泰尔的回忆很有趣,但我认为他并没有和盘托出整个事件的来龙去脉。

美国海军一定注意到了飞机和鱼雷之间的海水存在着高电磁衰减特性——这个问题至今依然存在,因此在两者之间建立电磁通信链路困难重重。而且在鱼雷上安装合适的接收天线难度也极大。

知识链接:

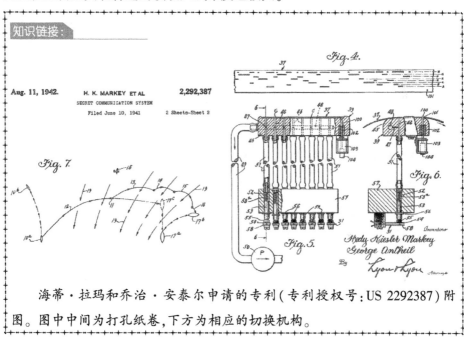

海蒂·拉玛和乔治·安泰尔申请的专利(专利授权号:US 2292387)附图。图中中间为打孔纸卷,下方为相应的切换机构。

不管怎样,拉玛和安泰尔显然深受美国海军消极态度的影响,没有再进一步针对这项技术开展后续的研究工作。相反,拉玛成功地依靠个人魅力销售战争国债,为美国的战备事业筹集到了数百万美元巨款。而到了1957年,美国纽约州布法罗市喜万年电子系统公司的工程师们通过用电路替代钢琴纸卷而成功实现了跳频保密无线电通信技术。在1962年,也就是"拉玛-安泰尔"专利失效三年后,美国海军为了应对古巴导弹危机而将跳频保密无线电通信系统部署到了军舰中。尽管拉玛和安泰尔没有从她们的开创性工作中赚到一分钱,但她们的专利后来却被跳频系统领域的众多专利引用,成为一项具有深远影响的原始创新成果。

毕竟拉玛和安泰尔是领先于那个时代的发明人,而后人终于认识到这项专利的价值以及二人为现代保密通信技术发展所做出的杰出贡献,并把1997年的电子学前沿基金奖授予拉玛,尽管姗姗来迟,但也是实至名归!

[根据1997年3月31日《芝加哥论坛报》和1997年《美国发明与专利》杂志春季刊的相关报道整理而成。]

参考文献

[1] Many books are available about Hedy Lamarr and her inventions. See, for example, Richard Rhodes's *Hedy's Folly*: *The Life and Breakthrough Inventions of Hedy Lamarr, the Most Beautiful Woman in the World*, Vintage, 2012.

[2] For more information about US Patent #2,292,387, consult: http://www.google.com/patents/ US2292387 (accessed December 22, 2015).

1.2 天才少年,教学研究商业兼攻

美国国家科学院曾发布了一份关于爱德华·伦纳德·金兹顿(1915—1998)的自传体回忆录。在他1965年当选美国国家工程院院士以及1969年获得IEEE荣誉勋章时,前人已经充分总结了他对电子学和微波技术的杰出贡献,因此我也就不再赘述了。回忆录的作者安东尼·希格曼成功地为我们展示了金兹顿的多面形象,用卡罗林·卡德斯的话来说,他是一位"科学家、教育家、商业精英、环保主义者和博爱主义者"。以下是希格曼回忆录中的一些点滴。

知识链接:

爱德华·伦纳德·金兹顿。斯坦福大学将其微波实验室命名为"金兹顿实验室",以纪念该实验室的第一任主任——爱德华·伦纳德·金兹顿。

童年时期

金兹顿出生于乌克兰,他在回忆起童年教育时如是写道:"由于我的父母都在东线担任军医,我的童年可以说一直随着战争、革命及类似事件而颠沛流离。我直到 8 岁时还没有在一个地方连续生活超过 6 个月,11 岁才开始接受了正规的教育。"金兹顿在 13 岁时跟着父母从俄国控制的远东地区移民到美国旧金山。"一句英语都不懂"的金兹顿进入了当地公立学校一年级。四年后他完成了高中学业,进入美国加州大学伯克利分校。

战争年代

金兹顿后来谦虚地承认:"在这 6 年里,我创造了 40～50 项发明成果,其中有一些还是比较重要的。"金兹顿在美国斯佩里陀螺仪公司指导开发了多普勒雷达技术,并为后来的很多复杂雷达系统奠定了技术基础。当战争结束时,他领导了一支大约 2000 人规模的团队。

斯坦福大学期间

在被任命为斯坦福大学应用物理学助理教授之后(没有被任命为物理学助理教授的原因是他的电子工程专业背景),金兹顿和他的同事在《科学仪器评论》(1948 年 2 月刊)发表了《一种线性电子加速器》一文,这项成果为后来数代加速器的成功开发奠定了基础,至少有 6 位诺贝尔奖获得者的关键成果是依靠这一设备完成的。金兹顿预见了加速器在癌症放射治疗方面的潜在应用,在他去世时全球大约有 4000 台小型的医疗加速器设备,每年能够为 100 万名患者提供服务。

瓦里安联合公司期间

瓦里安联合公司成立于 1948 年,当时只有 22000 美元的启动资金和 6 名全职雇员。金兹顿从公司成立之日起就担任董事会成员,直到 1993 年才卸任。当罗素·瓦里安于 1959 年突然逝世时,金兹顿被任命为公司的首席执行官。

麦卡锡时代

金兹顿曾在 1939 年与罗伯特·奥本海默的兄弟弗兰克·奥本海默共用一间研究生办公室,为此在麦卡锡主义盛行的时代他一度未能通过政府部门的安全调查。斯坦福大学的法务人员花费了很大的代价才使金兹顿通过了政府的安全调查。

社区领导

金兹顿是公平住房和洁净空气运动的早期倡导者。他参与创立了斯坦福中半岛城市联盟——一家支持少数族裔成立小型公司的组织并担任了副主席一职(1968—1972)。

远见卓识

金兹顿于1956年写下了这样的文字:"很显然,现有的微波技术知识从规模和广度上都将持续发展。尽管每天都有新的应用发明出现,但是我们不应为此沾沾自喜,每个研究领域都有其有限的半衰期。"后来他向卡德斯解释了他的人生哲学:"我们都要成长并接受教育,但千万不要把职业培训和教育混为一谈。要学会思考,尝试你想要做的事情,仅仅想满足温饱是远远不够的。"

致谢

感谢安东尼·德玛里亚博士使我有机会接触到金兹顿的回忆录。

参考文献

[1] A. E. Siegman, "Edward Leonard Ginzton (1915-1998)," *Biographical Memoirs*, vol. 88, National Academy of Sciences, Washington, D. C., 2006.

[2] C. Caddes, *Portraits of Success: Impressions of Silicon Valley Pioneers*, Tioga, Palo Alto, CA, 1986.

1.3 站在巨人肩上

我们都熟知麦克斯韦方程组,但我们对麦克斯韦本人了解多少?尽管麦克斯韦被公认为世界上最伟大的科学家之一,关于他的传记却少之又少。最具史鉴价值的麦克斯韦传记出版于1882年,该书的第一作者是他的老朋友路易斯·坎贝尔,第二作者是威廉·加内特。坎贝尔的著作出版之后得到了广泛的赞誉。《自然》杂志的评论者如是评价:"那些了解以及怀念麦克斯韦的人们都会由衷地喜欢这部作品。更多的人可以通过这部传记了解麦克斯韦这位伟大科学家的生平和工作,从中汲取乐趣和动力。"遗憾的是我们已经无法找到这篇评论文章的全文了。然而幸运的是,我们可以在 https://www.sonnetsoftware.com/resources/ maxwell-bio. html 网站上获取这部传记的全文。

> **知识链接:**
>
>
>
> 詹姆斯·克拉克·麦克斯韦(James Clerk Maxwell,1831—1879)在电磁领域的贡献无须赘述了。译者想要进一步介绍的是,他1871年在剑桥大学创立了卡文迪许实验室(Cavendish Laboratory)并担任第一任实验室主任。据不完全统计,100多年来卡文迪许实验室涌现出了29位诺贝尔奖获得者。

坎贝尔的《詹姆斯·克拉克·麦克斯韦传》包括了三部分:麦克斯韦生平,麦克斯韦科学成就回顾,麦克斯韦诗集。麦克斯韦的诗集中既有他翻译的古罗马诗人维吉尔的作品,也包括了他关于科学问题的原创诗作。下面是他的一首关于科学问题的诗作。由于原诗较长,略去了中间部分以及相关的图片和公式,但可以在上面的网站中找到全文:

> **知识链接:**
>
>
>
> 奥利弗·赫维赛(Oliver Heaviside,1850年5月18日—1925年2月3日)是英国物理学家和工程师,他并未接受过高等教育,对于电力和电磁方面的研究完全是自学成才。原始的麦克斯韦方程组由20个公式组成。奥利弗·赫维塞等对其进行了简化,得到了如今常用的经典公式。限于本书这种不受数学公式束缚的风格,译者不再介绍这20个公式的演进过程。

动力学中的问题(1854年)

光滑水平面上,
置有不可伸展的沉重链条。
若要对 A 施加冲击力,
尚需初动 K。
倘 ds 是无穷小链,
那当下我们只需如是考虑:
将 T 设为张力,且 T+dT;
在最接近 B 的一端亦如是。
按照惯例,
对于 M 和 OX 轴间的角度和张力:
设 V_t 和 V_n 为 ds 的速度,
且 V_t 与 V_n 正交;
进而 V_n/V_t 的正切,
最终与初始角度相等。
解决问题时,第一件事当然是使外加力等于有效力。
K 受到两种张力拉扯,其差为 dT。
(1) 必须使单元的质量等于 V_t,
V_n 源于与 ds 方向正交的力,
这样便于采用 da 计算 ds 的曲率。
对于链条单元质量中的 V_n:
(2) 曲率应等于张力。
为了区分因果关系,
学生必须徒劳地试着消除,
痛苦地掌握,为了做到这一点,
必须了解连续性方程。
......

依托此二条件可得三个方程,

进而获得第一冲击力和每个系数之间的相互关系。

对于张力的形式,这已然足够。

要解决这一问题,如果愿意,

你可以转动它、扭转它,去让老师满意。

1884年又出版了这本传记的缩略第二版,里面增加了数封以前未曾公开的信件。我本人尤为喜欢下面这段节选自1859年麦克斯韦致法拉第信件的文字:

"尊敬的法拉第阁下——我是英国爱丁堡大学自然哲学主席一职的候选人。在詹姆斯·大卫·福布斯教授就任英国圣安德鲁斯大学之后,该职位即将空缺。如我在科学领域所做的小小贡献能承蒙您垂青,且您如能将我作为该职位的候选人推荐给校方,我将不胜感激。"

我不知道法拉第最终是否欣然同意提供一封热情洋溢的推荐信,但麦克斯韦最终没有得到这份差事!

1.4 自己动手?——富兰克林的风筝实验

知识链接:

本杰明·富兰克林(Benjamin Franklin, 1706—1790)具有多重身份——政治家、物理学家、出版商、印刷商、外交家、发明家和作家。他的父亲与两任妻子生育了17个孩子,因此富兰克林只读了两年小学就开始当学徒。作为作家,他出版了《穷理查年鉴》(Poor Richard's Almanack)、《富兰克林自传》(The Autobiography of Benjamin Franklin)等著作;查理·芒格深受其影响,沿袭其风格出版了《穷查利宝典》(Poor Charlie's Almanack)。作为政治家,他参加起草并签署了《独立宣言》。

丹麦技术大学尼尔斯·乔纳森博士在 Compliance Engineering 1998 年第一期中发表的论文激发了我对本杰明·富兰克林科技文章的兴趣。1750 年 7 月，富兰克林在给英国朋友科林斯的信中提出了如下实验方案：

"为了验证雷雨云是否带电，我提出一种易于操作的实验方案。在高塔或尖塔的顶部放置一个岗亭……其体积应足以容纳一个人和一个绝缘平台。一个顶端尖锐的铁棒从绝缘平台中间升起，其长度突出岗亭外 20~30 英尺（1 英尺＝0.3048 米）。在绝缘平台保持干燥清洁的情况下，带电的低空云层可能会产生火花，而铁棒则会从云层将火花引导至站在绝缘平台上的人。"

这是避雷针发明者提出的一个惊人建议，特别是当我们读到这封信的后续段落——"如果此人发生任何危险（当然我不认为存在任何危险）……"时。对富兰克林而言，幸运的是费城并没有合适的高塔，因此他也没机会亲自去尝试这一"在黑暗中闪光"的实验。然而他的这封信在欧洲受到了狂热的追捧。法国科学家埃博特 1752 年 5 月在法国巴黎凡尔赛宫附近毫发无损地进行了这一实验，并于三天后在法国科学院进行了专题汇报。此后法国、英国和比利时都有人相继成功地复制了这一实验。第二年，在俄国工作的瑞典物理学家乔治·里奇曼在自家屋顶安装了"集电弦线"，集电弦线一直延伸到了他的办公桌上方——这样可以舒服地坐在椅子上观赏闪电现象。1753 年 7 月 26 日，里奇曼被集电弦线末端的闪电击中而身亡。根据其同事罗蒙诺索夫回忆，里奇曼是因履行职业使命而死，死得伟大而光荣。

身处美国费城的富兰克林显然不知道欧洲大陆所开展的实验，他进一步将实验的创意"改进"成了著名的风筝实验，这样就再也无需一座高塔。他在 1752 年夏进行了这个经典实验：带电导电风筝线一端金属钥匙上的火花传到了富兰克林手上，而他居然毫发无伤！从那时起不少模仿富兰克林的人不幸丧命于斯。从 19 世纪末到 20 世纪初，美国气象局采用携带气象设备的大型箱式风筝，这些净重 8 磅（1 磅＝0.454 千克）的风筝一般携带着重几磅的设备，其后还拖着一条长长的钢琴丝（"风筝线"）。曾有一位男士在协助风筝飞行的过程中遭受雷击身亡。

参考文献

[1] M. Uman, All About Lightning, Dover, 1986.

[2] A good biography of Ben Franklin is: W. Issacson, Benjamin Franklin: An American Life, Simon & Schuster, 2003.

[3] W. H. Hayt and J. A. Buck, Engineering Electromagnetics, 8th ed., McGraw-Hill, New York, 2012. Electrostatic fields are discussed in Chapters 2-6.

[4] F. T. Ulaby and U. Ravaioli, Fundamentals of Applied Electromagnetics, 7th ed., Prentice Hall, Upper Saddle River, NJ, 2015. Electrostatic fields are discussed in Chapter 4.

小测验

一位农夫和他的奶牛被困于雷雨中,附近的一棵松树受到了雷击。奶牛触电而死,农夫则幸运地活下来并为我们讲述了这个故事。其原理何在?

(a) 奶牛的电容远大于农夫的电容。

(b) 奶牛恰好距离松树更近。

(c) 奶牛的腿分得更开。

(d) 纯属意外事件。

答案为(c)。雷击产生的电流可能高达数万安。如此大的电流会传导到松树底部的大地并在地面上沿径向传播,导致地面上产生了电位梯度。奶牛那条接近松树的腿位置上的电位更高——当然这还与大地电阻相关,因此奶牛两条腿之间的电流对其产生了致命的伤害。

1.5 富兰克林究竟做没做过风筝实验

1.4节中已经讨论了富兰克林对电学的研究。正如每个美国孩子在学校所学到的,富兰克林于1753年通过著名的"风筝实验"证明了天空中的闪电就是电。最近汤姆·塔克在他的新书《命运的闪电:富兰克林和他的风筝恶作剧》中却提出了一个反传统的问题:本杰明·富兰克林真的做过这个实验吗?

塔克让我们仔细阅读富兰克林在《宾夕法尼亚报》发表的风筝实验的细节:

"暴风雨即将来临之前放飞风筝,手持风筝线的人必须站在门、窗或某种掩体之内,这样丝质的风筝线能够保持干燥……一旦雷雨云接近风筝,风筝线将引来电火花，导致风筝和后面的风筝线将带电。当雨水打湿风筝和风筝线，它就能够传导电流。而这时你的身体会从握着风筝线的手指感受到源自风筝的电流……其他关于电学的实验往往会借助皮毛和玻璃棒摩擦的手段，而这同样也能展示闪电和带电物质的相似性。"

塔克对上述文字的假定语气和反常的将来时态有所怀疑，因此他将之与富兰克林的其他实验报告进行了比对。结果发现，这种客观的将来时态文风既不符合富兰克林的风格，也迥异于18世纪科学报告的体例。塔克还指出，当富兰克林开展某项实验时，通常会亲自仔细地记录时间、地点和过程等细节："他会描述详情，采用主动语态并提供示意图；他会说他自己做了这项实验。"

然而，另一本富兰克林传记的作者艾萨克森并不认可这一分析。他引用了伟大的科学史学家伯纳德·科恩关于富兰克林的著作。科恩指出，后来很多人都成功地再现了风筝实验，因此不大可能是富兰克林编造了这一描述。塔克则提醒大家注意富兰克林在其出版商生涯中曾经制造的一系列恶作剧。

戈普尼克指出，正是因富兰克林编辑了杰佛逊的手稿而产生了"我们认为下述真理是不言而喻的"这句名言。在本节的末尾，引用戈普尼克的一段话：

"风筝故事的启示并不意味着真理是相对的，相反它启示着我们没有什么是不言而喻的……当手握风筝线时，我们并不确定这些拖拽和电击就是我们所认为的真相。我们手握风筝线并满怀希望。闪电往往是不存在的，而有时候风筝也并不存在。"

参考文献

[1] R. Bansal, "AP-S turnstile: do-it-yourself electrocution?" *IEEE Antennas and Propagation Magazine*, vol. 40, no. 2, p. 102, April 1998.

[2] T. Tucker, *Bolt of Fate: Benjamin Franklin and His Electric Kite Hoax*" PublicAffairs, 2003.

[3] M. Uman, *All About Lightning*, Dover, 1986.

[4] A. Gopnik, "American Electric," *The New Yorker*, pp. 96-100, June 30, 2003.

[5] W. Issacson, *Benjamin Franklin: An American Life*, Simon & Schuster, 2003.

小测验

一次雷击中传导至地面的电荷大约为多少?

(a) 1 nC

(b) 1 C

(c) 10^6 C

(d) 10^{12} C

答案为(b)。由于电场被定义为施加在一个单位电荷上的力,因此很多人往往会错误地认为1C代表着非常微小的电荷。实际上以查尔斯·库仑命名的基于米-秒-千克制的单位在大多数电气工程应用中实在太大了。让我们回忆一下,1C的负电荷大约需要 $6×10^{18}$ 个电子,显然这不是一个点电荷,而相当于一次闪电中发生的全部电荷转移。

1.6 吉尔伯特著《磁论》

汪洋大海中的领航员们

切莫在喝茶之时食用洋葱

并非因其气味令人作呕

只因它会让罗盘失灵

当看到当年英国海军舵手会因违反"在海上航行中不得食用洋葱和大蒜,尤其是在阅读航海图之时,以防罗盘失灵"的规则而被施以鞭笞惩罚时,我们这些生活在21世纪的人一定会认为这些条例非常荒诞!然而这确实是威廉·吉尔伯特(1544—1603)所生活的公元16世纪的真实事件。2000年是吉尔伯特所著《磁论》一书(1600年在伦敦由出版商彼得·肖特出版发行)出版400周年。这本书的发行时间不但早于开普勒关于行星运动定律的《新天文学》一书(1609年),也先于伽利略所著有关天文观测的《星际信使》一书(1610年),因此很多人认为《磁论》是第一部基于现代理论的科学专著。牛顿的《自然哲学的数学原理》一书出版于1687年,与上述著作相比问世就更晚了。如同今天的博士论文,《磁论》回顾了前人的工作,介绍了吉尔伯特的研究过程与结果,在更广阔的背景下对相关发现进行了探讨并展望了未来的工作。

威廉·吉尔伯特1544年出生于距离英国伦敦东北方向约50英里(1英里=1.609千米)的科尔切斯特,他的父亲是当地声名显赫的律师。吉尔伯特在剑桥大学圣约翰学院学习了11年并于1569年毕业,获得了学士、硕士学位以及医师资格。他定居伦敦后以行医为生,曾担任英国皇家医师协会主席并成为伊丽莎白一世女王的御医,1603年因患黑死病不幸去世。

吉尔伯特在静电学和静磁学领域开展了大约20年(1581—1600)的实验研究,为我们贡献了"静电力"等词汇。然而他对磁学的研究实属个人喜好。为了研究地磁学,吉尔伯特建造了他称为"特雷拉"("微地球")的球形天然磁石,采用罗盘针探究了"特雷拉"的磁场,并将相关发现应用于地磁场对罗盘针性能的影响。例如,为了近似陆块,他在"特雷拉"上雕刻出了代表海洋的区域,结果发现罗盘针的性能在靠近海洋和山脉的区域发生了变化。

知识链接:

威廉·吉尔伯特画像

吉尔伯特支持哥白尼的学说并相信地球的自转理论,但他错误地将行星自转归结于磁学。地球自转理论在当时被视为异端邪说,因此有些内容在《磁论》出版时被刻意删除了。

为了纪念吉尔伯特对磁学的杰出贡献,出版《无线电科学》期刊的美国地球物理协会于2000年春在华盛顿特区召开的会议中特意举办了一场专题分会。该协会的《地球与空间科学新闻》杂志还刊登了《〈磁论〉书评》。在由大卫·斯特恩博士负责维护的美国航空航天局官方网站上,可以在线阅读《〈磁论〉书评》，也可找到很多吉尔伯特工作中的有趣细节以及与地磁学相关的知识。

如果能够把磁学的历史快进至 2000 年，读者可能会留意到《应用物理学报》对纳米磁体技术最新研究进展的报道，即由氧化铁、聚苯乙烯和甲醇组成的冷却混合物在强磁场作用下表现出了类似一瓶微小磁体（纳米磁体）的性能。西班牙巴塞罗那的一个研究小组曾对纳米磁体开展了研究工作，他们希望有朝一日这些技术能够应用于超快电子开关和更高效率的电力核心设备中。但是，预测纳米磁体何时能在现实生活中得到应用会非常困难，这就好比在《磁论》出版了 100 年后，禁止水手吃大蒜的条令才在英国被废止一样。

参考文献

［1］ B. Bolton, *Electromagnetism and its Applications*, VNR, New York, 1980.

［2］ W. Leary, "Celebrating the Book That Ushered In the Age of Science", *The New York Times* ［Online］. Available：http：//www. nytimes. com/2000/06/13/science/celebrating-the-book-that-ushered-in-the-age-of-science. html（accessed March 17, 2016）.

［3］ W. Gilbert, *De Magnete*（A reprint of Mottelay's 1893 English translation）, Dover, New York, 1991.

［4］ D. Stern, "The Great Magnet, the Earth" ［Online］. Available：http：//www-spof. gsfc. nasa. gov/ earthmag/demagint. htm（accessed March 17, 2016）.

［5］ "Nanomagnets：Lodestones on the Loose," *The Economist* ［Online］. Available：http：//www. economist. com/node/348579（accessed（March 17, 2016）.

［6］ W. H. Hayt and J. A. Buck, *Engineering Electromagnetics*, 8th ed., McGraw-Hill, New York, 2012. Magnetostatic fields are discussed in Chapter 7.

［7］ F. T. Ulaby and U. Ravaioli, *Fundamentals of Applied Electromagnetics*, 7th ed., Prentice Hall, Upper Saddle River, NJ, 2015. Magnetostatic fields are discussed in Chapter 5.

小测验

以下哪种情况会产生最强的磁场：

（a）磁共振成像设备

（b）地球

(c) 一条 13 千伏的配电线路

(d) 一条来自发电厂的 735 千伏传输线

答案为(a)。为了达到诊断的目的,设备采用了非常强的静磁场(高达数千高斯)。其他几个选项中,空气中的静磁流密度比常见的 60 赫配电线路的交流磁流密度高 200 倍左右。由于磁场会随着导线的电流而变化,13 千伏配电线路的磁场在某些情况下可能会比 735 千伏传输线的磁场更强。

1.7 "尤里卡"时刻

10 年前,我在陪小女儿到中国参加高中的游学旅行之时,有幸在通往上海浦东国际机场的磁悬浮列车上第一次实地体验了磁悬浮技术。尽管这段旅程只持续了大约 7 分钟,但 267 英里/小时(约 430 千米/小时)的速度无疑是一种令人难忘的体验。近年来,全球已经提出了不少磁悬浮交通项目(包括从美国拉斯维加斯到迪士尼乐园的磁悬浮列车),而且有些项目已经达到了演示验证阶段;但对于大多数人而言,磁悬浮技术仍然只是一件满足科学好奇心的事情,例如,让物理学专业的大学一年级学生采用文献[3]中的工具来开展实验,很少有人理解到这项技术的实际应用潜力。近年来,美国哈佛大学的一个研究小组在比尔和梅林达·盖茨基金会的资助下,创新性地采用该技术实现了水和食物纯度的便携式测量。令人惊奇的是这套设备的价格低于 50 美元,虽然这在大部分发展中国家还是一个不小的负担,但已经比 PASCO 公司的磁悬浮实验演示工具便宜了不少。

想必每个人都听说过阿基米德(公元前 287—前 212)的"尤里卡"时刻。古希腊锡拉库兹国王要求这位博学者测定其王冠是否由纯金打造而成。阿基米德当然意识到了可以用密度的概念来测量皇冠的纯度。重量易测,但难点在于如何得到皇冠这一形状非规则物体的体积。故事中,阿基米德在沐浴时慢慢进入浴缸,这时他注意到了一些水缓缓地溢出。这给他带来了灵感!国王的王冠不仅要有合适的重量,还需要具有与纯金相同的体积!他对自己的这一想法非常兴奋,光着身子跑到街上大喊着"尤里卡"(我找到了!)。

到了 21 世纪,我们发现密度测量技术在测定水(包括灌溉用水的盐度)和牛奶(包括其脂肪含量)等物质时仍然具有便捷性等优势。尽管现在有很多复杂的密度测量技术,但这些设备要么过于昂贵,要么不便携带。美国哈佛大学乔治·怀特塞兹教授领导的研究小组近来在《农业和食品化学学报》上发表了一篇论文,其主要内容包括:"采用了磁悬浮方法、基于密度测量且用于表征水和食物样品的方法和传感器。该传感器由两个永磁体互相对置,类似于南北两极概念(由此磁场在中心位置最弱)的钕铁硼永磁体组成;传感器还包括了一个装满了顺磁离子溶液的容器。通过在充满顺磁液体的容器中悬置抗磁性的物质(如一滴水或牛奶),再把该容器置入永磁体中间,进而测量悬置物体垂直位置(采用垂直放置的尺子),抗磁性的物体将被磁体推向缝隙的中间并因重力而下坠,最终根据其密度达到一个平衡点。磁悬浮技术可以用来测定水的盐度,对比植物油中多元不饱和脂肪酸和单一不饱和脂肪酸的比例,比较牛奶、奶酪和花生酱的脂肪含量以及评估谷物密度。"假如阿基米德有机会看到这一切,他一定会感到欣慰。

知识链接:

阿基米德(公元前287——前212年),古希腊哲学家、数学家、物理学家。我们都熟知他的那句名言——"给我一个支点,我就能撬动地球。"他还有另外一句名言——"即使对于君主,研究学问的道路也是没有捷径的。"

参考文献

[1] Shanghai Maglev Train website [Online]. Available:http://www.smtdc.com/en/ (accessed

改变世界的电磁波

March 17, 2016).

[2] E. Werner and K. Hennessey, 300-mph train would whisk travelers from Vegas to Disneyland, *USA Today* [Online]. Available: http://www.usatoday.com/travel/news/2008-02-25-vegas-disneyland-train_N.htm# (accessed March 17, 2016).

[3] Magnetic Levitation demonstration kit in the PASCO engineering catalog (2011).

[4] "Fast-Track Testing," *The Economist Technology Quarterly*, pp. 10-12, September 4, 2010.

[5] A webpage devoted to Archimedes [Online]. Available: http://www.ancientgreece.com/s/People/Archimedes/ (accessed March 17, 2016).

[6] K. Mirica, S. Phillips, C. mace, and G. Whitesides, "Magnetic levitation in the analysis of foods and water," *Journal of Agricultural and Food Chemistry*, vol. 58, pp. 6565-6569, May 2010. Available: http://dx.doi.org/10.1021/jf100377n.

[7] W. H. Hayt and J. A. Buck, *Engineering Electromagnetics*, 8th ed., McGraw-Hill, New York, 2012. Magnetic forces are discussed in Chapter 8.

[8] F. T. Ulaby and U. Ravaioli, *Fundamentals of Applied Electromagnetics*, 7th ed., Prentice Hall, Upper Saddle River, NJ, 2015. Magnetic forces are discussed in Chapter 5.

1.8 贝尔实验室的高光时刻

"技术创新"不仅仅是发明,它通常是一个漫长而又耗资巨大的过程。这一过程能够将新的科学知识转化为可行的技术,促进其应用并对大众产生积极而有益的影响。"技术集成"则更注重于强调工程信息和洞察力之类更为微妙而无形之物的流动。美国贝尔实验室不但在创新方面取得了巨大成功,还向全世界成功展示了创新成果的技术集成。《贝尔系统技术杂志》无疑是这一伟大成就的重要推动因素之一。

贝尔实验室首席科学家 罗德·阿尔佛里斯

当美国电话电报公司信息部于1922年7月首次出版了后来被视为传奇的《贝尔系统技术杂志》时,电信技术的发展仍处在起步阶段。多数产业仍在依靠试凑法、经验法等传统手段应对工程开发任务。因此,包括爱德温·考必兹(以考必兹振荡器享誉盛名)在内的《贝尔系统技术杂志》期刊编委会成员希望"时间终将证明,每个产业都会认识到他们能够以某种形式从科学研究中获得帮助;这就好比人类最终认识到蒸汽机和电力取代传统的体力劳作一样"。电信领域无疑在当时引领着这一方向,因此编委会骄傲地宣称:"在大学第一次开设电气课程之前,电信领域已经组建起了第一个研发实验室。"

知识链接:

贝尔实验室是以亚历山大·贝尔(Alexander Bell,1847年3月3日—1922年8月2日)命名的。亚历山大·贝尔是美国发明家、企业家,电话的发明人之一(专利号:US174465),贝尔电话公司的创始人。贝尔电话公司是美国电话电报(AT&T)公司的前身。

知识链接:

一直是美国电话电报公司核心研发力量的贝尔实验室于1996年归属朗讯公司。朗讯公司于2006年被阿尔卡特公司所收购,而诺基亚公司又于2015年12月收购了阿尔卡特朗讯公司。

1922年7月到1983年12月(该刊物停止发行之日),《贝尔系统技术杂志》不但刊登了电信领域的基础研究工作,还再版了"通信领域的重要研究与开发成果,从而使这些结果能够得到更广泛的传播,并为通信工程师带来更大的价值"。第一期杂志刊载的论文涵盖了大功率真空管、潜艇线缆(并非光纤!)以及语音信号分析等领域。最后一期杂志(1983年12月出版的第62卷第10期)不但在工程研究方面介绍了单边带无线电通信系统的发展,还刊载了一篇关于关系数据库代数理论的学术论文。正是这些科学文献中的知识和经验推动了通信技术的飞跃发展。

通过与美国电子电气工程师协会的合作,阿尔卡特朗讯公司近来将1922—1983年间的《贝尔系统技术杂志》电子文档在互联网上进行了共享,使得全球的研究界人士都可以获取这些珍贵的文献。只需点击"搜索"键就可以下载所需的PDF文档,还可将其添加到个性化数字图书馆中。有了这把宝库的"钥匙",就可以拜读香农在通信理论方面的开创性论文,或者去追溯蜂窝无线通信技术的早期发展成果。

> **知识链接:**
>
> 了解更多关于贝尔实验室在美国创新发展中的重要地位,可以参考乔恩·格特纳所著、企鹅出版社于2013年出版的《创意工厂:贝尔实验室和美国创新的伟大时代》一书。

致谢

衷心感谢安东尼·德玛里亚博士使我关注到《贝尔系统技术杂志》在线文库。

参考文献

[1] "Bell System Technical Journal (1922-1983)" [Online]. Available: https://archive.org/details/bstj-archives&tab = about http://ieeexplore.ieee.org/xpl/RecentIssue.jsp? punumber =

6731005（accessed July 31, 2015）.

[2] "Foreword," *The Bell System Technical Journal*, vol. 1, no. 1, pp. 1–3, July 1922. Also available online：http://ieeexplore.ieee.org/xpl/tocresult.jsp? isnumber=6773291&punumber=6731005（accessed July 31, 2015）.

[3] "Table of contents," *The Bell System Technical Journal*, vol. 62, no. 10, December 1983. Also available online：http://ieeexplore.ieee.org/xpl/mostRecentIssue.jsp? punumber=6731005（accessed July 31, 2015）.

1.9　量子电动力学——是否如同 δ 函数一般奇异

"即使在大学里学习电气工程专业时，我也从不为究竟什么是电场、什么是磁场之类的问题深深担忧。对电动力学的肤浅理解使我难以领悟此问题。因此我读的书越多，最后反而发现懂得越少。"

罗伯特·拉奇

相信拜读过罗伯特·拉奇这篇专栏文章的读者在遇到理解量子电动力学的问题时都会有一种如我这般的恐惧感。即使是 1933 年与薛定谔共同获得诺贝尔物理学奖的保罗·狄拉克（1902—1984）对此也深表同情。在本科阶段就学习了电子工程专业的狄拉克认为，量子世界既无法用语言形容，也无法用图像来描绘；要想给量子世界画一幅图画，"就如同盲人感知一片雪花一般：轻轻一触，它就消失了。"他曾于 1933 年 11 月 10 日在诺贝尔奖颁奖晚宴发表过如下获奖感言："物理学家往往很难给普通大众阐明自己所从事研究工作的重要意义，这是因为如果没有预先深入地研究，一般人往往难以理解这些问题。"

有趣的是，在这篇大萧条时期所发表的获奖感言中，狄拉克还表示："我认为神秘的原子与目前困扰世界的经济学悖论存在高度的相似性。这两种问题都被赋予了大量可以用数字来表达的事实，而人类需要去找寻潜在的规律。理论物理学适用于那些基本特征可以用数字来表达的思维分支。"显然，除了预测正电子类的反物质粒子外，狄拉克当时还预测那些采用了深奥难懂数学模型的所谓"量化策略分析师"（其中很多人曾是理论物理学家）的崛起将使我们进一步陷入"大萧条",然而这并不是他所希望的情形。在此引用一位诺贝尔经济学奖得主保罗·克鲁格曼的名言:"在我看来经济学这个专业已经误入歧途,这是因为经济学家误把披着华丽外装的数学当成了真相。"

知识链接:

保罗·狄拉克出生于1902年,是英国理论物理学家,量子力学的奠基者之一。他与埃尔温·薛定谔共同获得1933年的诺贝尔物理奖,颁奖理由是"发现了原子理论的新形式"。

我要声明一下,并不是量子电动力学导致了我们近来遇到的经济问题,而且深入研究这一领域是绝对安全的。那么电气工程师应该如何入手?不妨从狄拉克的论文和他在电子论领域的经典著作开始。曾在英国剑桥大学师从狄拉克的弗里曼·戴森给出了如是评价:"其他量子学领域先驱的伟大论文都不如我的老师狄拉克的论文有条理。他的发现就如同玲珑剔透的大理石雕像从天而降,他似乎具有用纯粹的思考来召唤自然法则的魔力。"除了戴森热情洋溢的推荐之外,最近格雷厄姆·法米罗还出版了一本关于狄拉克的传记《量子怪杰》。除了探寻狄拉克的隐秘人生之外,作者还将狄拉克的工作置于20世纪理论物理学的更广阔背景之中。即使只是粗略地浏览这本书,我们也能明白这位提出了狄拉克函数的伟大科学家何以被视为"怪杰"。

参考文献

[1] R. Lucky, "The First Book of Electronics," *IEEE Spectrum* [Online]. Available:http://www. spectrum. ieee. org/geek-life/hands-on/the-first-book-of-electronics(accessed December 22,2015).

［2］ *The Times*（London）review of G. Farmelo's new biography of Dirac entitled The Strangest Man is available online at（subscription required）：http：//entertainment. timesonline. co. uk/tol/arts_and_ entertainment/books/non-fiction/article5468057. ece.

［3］ Dirac's Nobel Banquet Speech is available online at：http：//nobelprize. org/nobel_prizes/physics/ laureates/1933/dirac-speech. html（accessed December 22, 2015）.

［4］ P. Krugman, "How Did Economists Get It So Wrong?" *The New York Times Magazine* [Online]. Available：http：//www. nytimes. com/2009/09/06/magazine/06Economict. html?_r=1（accessed December 22, 2015 2015）.

［5］ *The New York Times* review of G. Farmelo's new biography of Dirac entitled The Strangest Man is available at：http：//www. nytimes. com/2009/09/13/books/review/Gildert. html（accessed December 22, 2015）.

［6］ G. Farmelo, *The Strangest Man*, Basic Books, 2009.

［7］ Many online resources discuss the Dirac delta function. See for example：http：//mathworld. wolfram. com/DeltaFunction. html（accessed December 22, 2015）

1.10 不发表,就出局——追忆历任卢卡斯数学教授

在研究诺贝尔奖获得者保罗·狄拉克(1902—1984)的过程中,我遇到了科学史中的一些有趣片段,先从以下小测验谈起：

牛顿、狄拉克和霍金有何共同之处？

(a) 他们都曾因为对物理学的贡献而获得诺贝尔奖

(b) 他们名字的首字母相同

(c) 他们都在工作中采用了麦克斯韦方程组

(d) 以上皆不是

答案是(d)。这几位著名物理学家有何共同之处？他们都曾担任过英国剑桥大学卢卡斯数学教授一职。麦克斯韦(1831—1879)曾在英国剑桥大学任教,但却与卢卡斯数学教授一职无缘；他在1871年成为剑桥大学的第一位实验物理学教授,并领导着当时刚成立的卡文迪什实验室。

根据文献的记载,于1663年设立的英国剑桥大学卢卡斯数学教授一职源于时任国会议员亨利·卢卡斯的慷慨捐赠。第一位卢卡斯数学教授是为几何

光学的基础理论做出杰出贡献的艾萨克·巴罗。"……学校要求巴罗教授学期内每周上一次课,每年至少要向副校长提交10份教学讲义,留存至学校图书馆以便公共使用。"这是一个非常严格的要求。巴罗教授的继任者是艾萨克·牛顿爵士。300年后,史蒂芬·霍金担任这一职位长达30年(1979—2009)。他在2009年10月退休,时年67岁,要不是学校有相关的规定,他没准能工作更久!霍金的继任者是迈克尔·格林——弦理论的创立者之一。

卢卡斯数学教授是一个具有很高威望的学术职位。很多拥有这一职位的教授都对电磁领域的发展做出了重要的贡献,其中包括:

乔治·艾里(1801—1892):艾里函数

乔治·斯托克斯(1819—1903):斯托克斯定律

约瑟夫·拉莫尔(1857—1942):拉莫尔进动

我们显然会认为卢卡斯数学教授一定都是非常高产的论文作者。以艾里为例,他共发表了377篇论文以及141篇正式报告和演讲。然而凡事皆有例外,这里谈一谈乔治·斯托克斯的继任者约书亚·金(1798—1857)。以下文字引自其讣告:

"他伟大的数学才华并没有使其在这一领域建立丰功伟绩。他只于1823年4月14日在剑桥哲学学会宣读了一篇题为《力的平行四边形法则新证法》的报告,并将其发表在《剑桥哲学学会会刊》第二卷。除此之外,我们不知道他对数学科学的发展做出过任何贡献。"

尽管约书亚·金教授著述甚少,但他至少在担任卢卡斯数学教授职位期间享誉盛名。然而狄拉克就没这样幸运,他在担任这一职位的最后几年里颇受煎熬:

"在战后的英国剑桥大学,尽管狄拉克仍是卢卡斯数学教授,但他在学校里显得是那样不受待见,校方甚至取消了他在系里的专用停车位。他的妻子曼奇对此心生厌倦,劝说他接受了美国佛罗里达州立大学讲席教授的职务;他在美国备受尊敬,然而人们对他的到来也颇为好奇。"

参考文献

[1] For information on Maxwell, a good starting point is:http://www.clerkmaxwellfoundation.org/index.html (accessed December 22, 2015).

[2] For information on the Lucasian chair, a valuable resource is:http://www-history.mcs.st

and. ac. uk/Societies/Lucasian. html(accessed December 22, 2015).

[3] The news of Michael Green's appointment to the Lucasian Chair is at:http://www. guardian. co. uk/science/2009/oct/20/stephen - hawking - michael - green - cambridge (accessed December 22, 2015).

[4] Joshua King's obituary is archived at:http://archive. is/D7x1u (accessed December 22, 2015).

[5] *The Times* (London) review of G. Farmelo's biography of Dirac entitled *The Strangest Man* is available online at (subscription required): http://entertainment. timesonline. co. uk/tol/arts_and_ entertainment/books/non-fiction/article5468057. ece.

你知道吗?

小测验(一)

最杰出的物理学家

正如一些较新的科学著作所宣称的那样,物理学的现状以及(海森堡测不准原理)发展速度存在很多不确定性(甚至有人说在倒退)。当然,科学家们也取得了很多激动人心的伟大突破。例如,希格斯玻色子的实验性发现证实了所谓的粒子物理标准模型,关于宇宙微波背景的新卫星数据使我们对早期宇宙(宇宙大爆炸发生之后)有了更深的理解等。然而,在面对需要将粒子物理标准模型与爱因斯坦广义相对论进行统一的"圣杯"时,现代物理学家就如同100年前的同行们那般不知所措。吉姆·巴戈特在他的新书《告别现实:现代物理学如何背叛了科学真相探索》中强烈地抱怨弦理论等理论物理学的发展,将其称之为缺乏实验或测试证据的"童话式物理学"。

正如尼尔斯·玻尔的调侃:"预测是非常困难的,特别是对未来的预测。"也许在回顾物理学历史并面对现在的迷思之时,我们更容易达成一致意见——评选对物理学贡献最大者可能更为容易。这也许是《卫报》的编辑们近年来在评选10位最伟大的物理学家时所怀有的大智慧吧!为了助兴,我以游戏竞赛节目的方式对《卫报》的名单进行了编排(类似于《危险边缘!》节目),并把问题的答案附在了本节的末尾部分。

1. 谁受到坠落苹果的启发而产生了万有引力的灵感？

2. 哪位丹麦物理学家提出了现代原子的概念，即原子是由旋转电子和中央的原子核构成的？

3. 哪位意大利物理学家因其科学发现而与罗马教廷产生了纷争？

4. 谁提出了质量与能量守恒的著名公式？

5. 谁发现了电磁学定律？

6. 谁发现了电磁感应现象？

7. 谁是第一位获得诺贝尔奖的女性？

8. 谁用"图"描述了量子电动力学的相互作用？

9. "𬭊"元素是为了纪念哪位科学家而命名的？

10. 谁预测了反物质的存在，并只因不愿别人采用他的名字而拒绝授勋？

如此一份清单的主要作用（恐怕也是唯一的作用）是在读者中展开一场对话。《卫报》不但期待着这样一场争论，甚至还鼓励读者提交他们自己的选择。许多人都义务参与到这项工作之中，并提交了他们认为这份清单存在的严重疏忽：阿基米德、特斯拉、普朗克、海森堡、薛定谔、开尔文、玻尔兹曼、泡利、＿＿＿＿＿（在此您可以填入自己的选择）。

答案：

1. 艾萨克·牛顿　　　　　　6. 迈克尔·法拉第

2. 尼尔斯·玻尔　　　　　　7. 玛丽·居里

3. 伽利略·伽利雷　　　　　8. 理查德·费曼

4. 阿尔伯特·爱因斯坦　　　9. 欧内斯特·卢瑟福

5. 詹姆斯·克拉克·麦克斯韦　10. 保罗·狄拉克

参考文献

[1] "Beyond the Numbers", *The Economist* [Online]. Available：http://www.economist.com/news/books-and-arts/21578366-fundamental-physics-has-made-important-advances-where-does-it-go-here-beyond (accessed April 21, 2016).

[2] J. Baggott, *Farewell to Reality*：*How Modern Physics Has Betrayed the Search for Scientific Truth*, Pegasus, 2013.

[3] "The 10 Best Physicists", *The Guardian* [Online]. Available：http://www.guardian.co.uk/culture/gallery/2013/may/12/the-10-best-physicists (accessed April 21, 2016).

第 2 章
地球以及之外

"我们身处极限高能实验之中。"

——尼尔·托罗克(1958—)

2.1 在旁观者眼中

"War es ein Gott, der diese Zeichen schrieb?"

(德语:是神写下的这些符号吗?)

物理学家玻尔兹曼引用《浮士德》中的以上诗句是为了向麦克斯韦方程组的大美致敬。2004 年诺贝尔奖获得者——当代物理学家弗兰克·维尔切克也同样为麦克斯韦方程组的简约而着迷,并曾给予"自成一体、捉对共舞、彼此激发"的赞美之词。维尔切克在其最新著作《美丽之问——宇宙万物的大设计》中提出了一个具有争议的问题:"世界莫不是一件天工神作的艺术品?"他继续写道:

"倘若如此,这必然将引发更多的问题。假如世界是一件艺术品,那么它是一件成功的艺术品吗?倘若可以将物质世界视为一件艺术品,那它是一件美丽的艺术品吗?科学家的工作使我们具备了理解物质世界的能力,但只有结合了艺术家感性的洞见和主张,我们才有可能得到最为恰当的答案。"

维尔切克立即意识到这与"精神宇宙观"问题相似,因此他详细论述了相关的历史背景:

知识链接:

弗兰克·维尔切克(Frank Wilczek)出生于1951年,在美国芝加哥大学获得数学学士学位,在普林斯顿大学获得硕士和博士学位,现为美国麻省理工学院教授。2004年,维尔切克因在夸克粒子理论(强作用)方面所取得的成就与戴维·格罗斯、戴维·波利泽共同获得诺贝尔物理学奖。维尔切克在科普方面倾注了大量的心血,这不但体现在本节所介绍的《美丽之问——宇宙万物的大设计》一书,还体现在他撰写的《万物原理》(Fundamentals)、《奇妙的现实——真实、奇妙的物理世界》(Fantastic Realities)、《存在之轻》(The Lightness of Being)等著作中。

"伽利略坚信物质世界所具有的大美,开普勒、牛顿和麦克斯韦也持有同样的观点。这些探索者的终极目标是找到物质世界所蕴含的大美以映衬上帝的荣耀,这会激发他们的好奇心,驱动他们奋勇前行,而探索发现的成就更将坚定他们的信念。"

然而维尔切克又迅速指出:"尽管精神宇宙观支持这一问题,但它本身也是自成一体的。"他又写道:

"尽管给出一个肯定的答案可能会引发精神层面的解读,但这个问题实际并不需要这种解读。当追溯这些思绪的源头时,我们就能够更加胸有成竹地审视这些问题。届时就让世界为自己代言吧!"

在与《明镜》周刊的一次访谈中,维尔切克做出了如下解释:

《明镜》周刊:每位艺术家都有其独特的风格。当您研究自然法则时,是否也感受到了自然的独特风格?

维尔切克:的确如此。世界是一件具有独特风格的艺术作品。我所发现的惊人之处在于自然的对称性。

《明镜》周刊:您能解释一下吗?

维尔切克:当然可以。我们在物理学和数学中所用的对称性原理可以描述为"不变之变"。尽管这种说法听起来有些神秘甚至奇怪,但它实际上意味着一种比较简单的东西。比如,是什么使圆形成为一种对称结构?这是因为当沿着圆心旋转时它始终是圆形……这种"不变之变"的对称性概念可以非常方便地推广到物理学法则以及相应的方程组中。

维尔切克在这本书中从古希腊哲学家毕达哥拉斯谈起,介绍了现代粒子物理学采用的标准模型,并尝试超越超对称性原理。如果你执意要阅读维尔切克的这本著作,务必做好心理准备,因为书中可能随时会从诗意的语言反转至"胶子是规范对称性3.0的化身"一类的陈述。也难怪著名理论物理学家劳伦斯·克劳斯和迪帕克·乔普拉会欣然为该书作序了!

参考文献

[1] My Collection of Quotes. The Cho Group. Department of Physics and Computer Science, Wake Forest University [Online]. Available:http://users.wfu.edu/choss/quotes.html (accessed October 17, 2015).

[2] L. Dartnell, "A Beautiful Question by Frank Wilczek: Review 'Worth the Effort'"The Telegraph [Online]. Available: http://www.telegraph.co.uk/culture/books/bookreviews/11773491/A-Beautiful-Question-by-Frank-Wilczek.html (accessed October 17, 2015).

[3] R. Browning, "My Last Duchess," *Poetry Foundation* [Online]. Available:http://www.poetryfoundation.org/poem/173024 (accessed October 17, 2015).

[4] F. Wilczek, A Beautiful Question: Finding Nature's Deep Design (excerpt) [Online]. Avail-

able: http://thepenguinpress.com/book/a-beautiful-question-finding-natures-deep-design/#excerpt (accessed October 17, 2015).

[5] J. Grolle, "Nobel Physicist Frank Wilczek: 'The World is a Piece of Art.'" *Der Spiegel* [Online]. Available: http://www.spiegel.de/international/physicist-frank-wilczek-interview-about-beauty-in-physics-a-1048669.html (accessed October 17, 2015).

[6] P. Ball, "A Physicist's Sense of Beauty," *PhysicsWorld* [Online]. Available (free registration required): http://physicsworld.com/cws/article/print/2015/oct/15/a-physicists-sense-of-beauty (accessed October 17, 2015).

[7] The history of Maxwell's equations is presented by J. Rautio in the December 2014 issue of the IEEE Spectrum, available online at: http://spectrum.ieee.org/telecom/wireless/the-long-road-to-maxwells-equations (December 22, 2015).

[8] W. H. Hayt and J. A. Buck, *Engineering Electromagnetics*, 8th ed., McGraw-Hill, New York, 2012. Maxwell's equations are introduced in Chapter 9.

[9] F. T. Ulaby and U. Ravaioli, *Fundamentals of Applied Electromagnetics*, 7th ed., Prentice Hall, Upper Saddle River, NJ, 2015. Maxwell's equations are presented in Chapter 6.

2.2 红玫瑰和紫罗兰

我在讲授电磁场课程时的愉悦之处有二:一是能够向学生们展示这门基础工程学课程在设计诸如隐身飞机之类高科技产品中的作用,二是可以用其解释各种自然现象。以瑞利散射为例:学习雷达原理课程的学生都需要掌握瑞利区的概念,即当球体目标的尺寸远小于工作波长时,雷达散射截面将降至 λ^{-4} 量级,这样"雨和云对工作在较长波长(低频)的雷达系统而言是不可见的"。当然在天气晴朗时,大家往往也会采用瑞利散射的概念来解释天空为什么呈现蓝色。传统物理学教材中的解释被《纽约时报》诠释为"短波蓝光比长波红光更容易反射,因此天空弥漫着蓝光。"

美国佐治亚理工学院荣休教授格伦·史密斯在《美国物理学学报》撰文指出,上述解释存在一个致命缺陷:"仅考虑这些因素(瑞利散射)的话,我们完全也可以说天空呈现紫色。"《纽约时报》的文章也指出:"天空为什么不是紫色的?"除了瑞利散射之外,还涉及其他物理原理吗? 答案是肯定的。事实上,我们感知到的颜色不仅取决于光在大气中因空气分子而形成的散射,也取决于人类的色觉。

史密斯指出,尽管"色彩并不是光本身的一种特性,而是人类视觉系统的一种感受"这一中心思想可以追溯到牛顿的《光学》一书,但相对而言,人类对该过程的深入了解还属于新事物。人类的视网膜中大约有 500 万个特殊的被称为视锥细胞的感光细胞。它们的主要功能是处理色彩信息。视锥细胞可以分为三种,每种细胞都含有一种对某个波长范围的光信号非常敏感的色素,这些细胞会以交叠的方式覆盖整个可见光谱段。以上三种视锥细胞所接收到的信号将被融合、叠加,从而形成人类感知到的色彩响应。需要指出的是,这一过程与"逆问题"类似,即多个输入信号(入射光)的组合形成了输出信号(感知到的色彩)。例如,通过红光和蓝光的适当组合可让观察者只看到黄色。在天空的色彩问题中,事实上是某些散射光波长的组合激励了视锥细胞,从而使眼睛/大脑系统认为是纯蓝光和纯白光的组合,导致观察者认为光线(天空)是蓝色的。

知识链接:

瑞利爵士其实并不叫瑞利,确切来说这是他的家族"封号"。瑞利原名约翰·威廉·斯特拉特(John William Strutt,1842 年 11 月 12 日—1919 年 6 月 30 日),英国物理学家,毕业于剑桥大学。他因发现稀有元素"氩"和在气体密度精确测量方面的贡献获得了 1904 年诺贝尔物理学奖。

除了采用定量分析方法支持其论点之外,史密斯教授的论文中还提出了一个适合教室环境使用的实验方案,并详细介绍了所需的零部件以及相应的供应商。此外,附件中还包含为那些真心想要掌握这些知识的学生准备的几个问题,以及过去 300 年中公开的参考文献清单。当我询问史密斯教授是如何针对

色觉展开深入研究的,他解释道:

"在撰写关于经典电磁辐射问题的著作时,我特意在一章中讨论了偶极子的辐射问题,并以偶极子的分子散射问题为例介绍了如何产生了天空的蓝色和极化现象。当时我已经认识到眼睛的响应也是一个重要因素,但只在注释中提到了这一问题。后来我决定对其进行深入探究,研读了若干关于视觉的专著和论文。我居然入魔了!在后来的几年里我不断完善我的讲义,并开发出了适合教室环境的实验装置。最后我决定在《美国物理学学报》上发表一篇论文,这是因为我认为其他人可能会在他们的课堂上喜欢我的拙作。"

让我们回顾那首童谣吧,紫罗兰真的是蓝色的吗?正如史密斯教授有力地证实了,这个问题实际上取决于观察者的眼睛。

> **知识链接:**
>
>
>
> "红玫瑰、紫罗兰"出自诗歌《一朵红红的玫瑰》(A Red, Red Rose)。作者罗伯特·彭斯是苏格兰农民诗人,他自幼家境贫寒,未受过正规教育。他因复兴并丰富了苏格兰民歌而在英国文学史上占有重要的地位。本书1.8节的英文标题为"Auld Lang Syne",中文直译应为《昔日时光》,但更为流行的译法是《友谊地久天长》,这首歌也是罗伯特·彭斯根据苏格兰民歌记录并整理而成的。

参考文献

[1] M. Skolnik, *Introduction to Radar Systems*, 2nd ed., McGraw-Hill, 1980.

[2] K. Chang, "Deep Purple = Moody Blues," *The New York Times*, July 19 2005.

[3] G. Smith, "Human color vision and the unsaturated blue color of the daytime sky," *American Journal of Physics*, vol. 73, no. 7, pp. 590-597, July 2005.

[4] G. Smith, private communication, 2005.

[5] G. Smith, *An Introduction to Classical Electromagnetic Radiation*, Cambridge University Press, 1997.

[6] W. H. Hayt and J. A. Buck, *Engineering Electromagnetics*, 8th ed., McGraw-Hill, New York, 2012. Dipole radiation is discussed in Chapter 14.

[7] F. T. Ulaby and U. Ravaioli, *Fundamentals of Applied Electromagnetics*, 7th ed., Prentice Hall, Upper Saddle River, NJ, 2015. Dipole radiation is discussed in Chapter 9. The basic operation of a radar is presented in Chapter 10.

2.3 艰辛旅程——地球物理学家梦想到达地心

21世纪的我们当然不会如同几百年前的人类那般,将罗盘的失灵归结在食用了洋葱的水手身上。但正如好莱坞科幻灾难片《地心抢险记》的观众所见,编剧们把问题归结到了地球的磁芯。我们在银幕上看到他们为了解决这一问题而把探测器送至地球中心时固然感到很酷,但这必然会遭到科学界人士的嘲笑。

让我们看看前提条件吧!根据地球物理学家马文·赫登恩在《美国国家科学院院刊》上发表的文章,由于地球中心的核反应堆正在衰竭,地磁场终将消失。而其他地球物理学家们则认为地球的磁场至少还将维持数十亿年。

知识链接:

电影《地心抢险记》(*The Core*)是派拉蒙影业公司2003年出品的一部科幻、灾难电影。主要情节是科学家发现地球的磁场发生了变化,而这导致金门大桥断裂、卫星导航系统失灵、患者的心律调节器失效等一系列灾难性后果。科学家决定研制地心飞船,深入地心引爆炸弹以挽救全人类的命运。

为了得到答案,让我们看看美国加州理工学院地球物理学家大卫·史蒂文森在《自然》杂志中发表的"中肯建议"。我在本书第1章中已经介绍了吉尔伯特在16世纪为了研究地磁学而建造了名为"特雷拉"的球形天然磁石。他采用小型罗针探究了"特雷拉"的磁场,并用他的发现来推测地球的磁场随罗针的变化。尽管当今的地球物理学家可以用复杂而精密的设备来研究地磁场,史蒂文森感到与花费在太空探索事业中的数十亿美元相比,用来支持地球内部构造研究的经费实在是少得可怜。因此他提出了以下中肯的建议:

"我将提出一个到达地心的方案:在地表裂缝处放入一个通信探测器,该装置将根据重力的作用随大量铁合金熔液到达地心。这一葡萄粒大小的探测器会将其发现通过高频地震波传播出去,而该信号将被地面的检波器所接收。探测器大约要花一周时间到达地心,而这一过程中至少需要 $10^8 \sim 10^{10}$ 千克的熔铁——这大致相当于地球上的钢铁厂1小时到1周之间的产量。"

当然,首先需要制造这样一个裂缝。史蒂文森建议可以采用核爆炸的方式产生等效于几百万吨三硝基甲苯(TNT)炸药的效果,从而形成相当于七级地震的地下爆炸。康涅狄格大学的地球物理学家弗农·科米尔注意到史蒂文森的提议中"需要让这个洞口保持开放,这是因为它不是一个真正意义上的洞口或者裂缝——只是这个裂缝中所充满的熔液比周围的物质密度更大而已。"

史蒂文森意识到他的提议或许听起来有些难以置信,但他说:"即使大家仅仅认为这很有趣,我也很开心;如果有人稍微认真地看待它,我会更开心。"

我想引用罗伯特·班克所著《分比萨、龟兔赛跑和应用数学中的历险记》中的一个思维实验来结束这一节。史蒂文森的探测器大约要花费1周的时间、穿越1800英里的距离到达地心,而班克则提出了一个大胆的设想——在地球中间挖一个通道,这样人类可以通过重力的作用快速通过。粗略的计算结果表明,仅需要花费42分10秒就能够从地球的一侧到达另一侧。在穿越地心时人的速度将高达马赫数23。就这个速度而言,电影《地心抢险记》中的丽贝卡·蔡尔兹少校(希拉里·斯万克出演)也一定会满意的。

参考文献

[1] R. Bansal, "AP-S turnstile: De Magnete," *IEEE Antennas and Propagation Magazine*, vol. 42, p. 110, October 2000.

[2] *U. S. News & World Report*, March 17, 2003.

[3] D. Stevenson, "Mission to Earth's core-a modest proposal," *Nature*, vol. 423, pp. 239-240, May 15, 2003.

[4] B. Cosgrove-Mather, "Journey to the Center of the Earth," *CBSNews* [Online]. Available: http://www.cbsnews.com/news/journey-to-the-center-of-the-earth-14-05-2003/ (accessed December 19, 2015).

[5] R. Banks, *Slicing Pizzas, Racing Turtles, and Further Adventures in Applied Mathematics*, Princeton University Press, 1999.

2.4 何者先至：是大爆炸还是大塌缩

"我们身处极限高能实验之中。"

——英国剑桥大学　尼尔·托罗克

我在为研究生讲授微波工程课程之初，就提醒学生微波射电天文学是宇宙起源的"标准"解释（也就是人们所说的宇宙膨胀大爆炸理论）的驱动因素之一。有趣的是，在对宇宙进行观测期间，贝尔实验室的科学家阿诺·彭齐亚斯和罗伯特·威尔逊于1965年发现喇叭天线接收到的电磁噪声并不是由天线内部的白色鸽子粪（从电磁场的角度来看，等效于一种额外的介电物质）引起的。这种电磁噪声代表了宇宙微波背景（cosmic microwave background, CMB）辐射。均匀来自各个方向的宇宙微波背景辐射会发生漫射，且处于大约2.7开尔文的等效温度。由于宇宙微波背景辐射是在宇宙大爆炸30万年后产生的，而时空开始之初是在大约140亿年前，因此它为研究宇宙早期历史提供了非常关键的实验数据。

基于阿诺·彭齐亚斯和罗伯特·威尔逊的开创性工作，全球范围内已经有若干团队开始着手制造日益复杂的微波测量装置以揭示宇宙微波背景辐射更精细的细节。例如，位于海拔16700英尺（约5090米）且气候干燥的智利沙漠中的宇宙背景成像仪（Cosmic Background Imager, CBI）由13个工作在26~36吉赫频段的天线组成。另一个与之相似的干涉仪——角尺度干涉仪（Degree

> **知识链接：**
>
>
>
> 阿诺·彭齐亚斯和罗伯特·威尔逊因为发现宇宙微波背景辐射而在1978年获得了诺贝尔物理学奖。照片中，他们身后就是测量时使用的天线。

Angular Scale Interferometer，DASI）则位于美国国家科学基金会负责管理的阿蒙森-斯科特南极站。这些科学装置已经探测到了宇宙微波背景辐射的分钟级变化（小至十万分之一度量级），而这正对应于"物质与能量的初始种子后来逐渐演变成数百个星团的物质与能量来源"。这些测量到的宇宙微波背景辐射温度波动也支持了"膨胀期"的概念——一种大爆炸理论的修正。根据暴胀大爆炸理论，新生的宇宙在最初的 10^{-32} 秒内经历了极度快速的膨胀（暴胀），这使得整个宇宙呈现了均匀（大范围）和平坦（平行线不相交）的特点，并且"制造了后来孕育星系和大规模结构的波动"。

> **知识链接：**
>
>
>
> 大爆炸理论的原理图

尽管几十年来的天文观测已经为暴胀大爆炸理论提供了坚实的基础,物理学家们还是需要对力学模型进行一些特别的修正。正如普林斯顿大学的保罗·斯坦哈特所说:"现在看来,在大爆炸发生数十亿年之后,随着星系的产生,宇宙似乎被某种暗能量所主宰。这使得暴胀率开始加速。"能够将"暗能量"引入盛行的暴胀大爆炸理论,大多数宇宙学家已经很满意了;但普林斯顿大学的斯坦哈特和剑桥大学的托罗克等学者则另辟蹊径,构想出了一种新范式——循环宇宙模型。斯坦哈特解释说:"在我们的这套理论体系中,空间和时间是永恒的……宇宙将不断随着大塌缩而收缩,并随着大爆炸而膨胀,二者间隔数万亿年。如此周而复始,无穷无尽。"新范式的核心在于从大塌缩到大爆炸的转换。依据 M 理论(常见于粒子物理学)一类的弦理论框架,斯坦哈特将宇宙构想为两个膜(三维表面)沿着一个(隐藏的)额外维度震荡,而碰撞则意味着从大塌缩(额外维度的收缩)转换到大爆炸(新宇宙的诞生)。在斯坦哈特和托罗克的网站上可以找到循环宇宙模型的动画。

史蒂芬·霍金曾经暗示理论物理学的终点也许就近在眼前,但我更倾向于托罗克近年来的观点:"将宇宙学与基础理论相结合的前景是如此美好,以至于我认为即使终点还没有到来,起点也已然临近了。"

知识链接:

对宇宙学(包括大爆炸理论和宇宙微波背景辐射)感兴趣的朋友可以参考诺贝尔奖获得者史蒂文·温伯格的著作《初始三分钟》(Basic Books 出版社,1993 年),这是一本不错的入门读物。

参考文献

[1] "Microwave Imager Probes Universe 'First Light' to Answer Cosmological Questions," NSF PR 02-41, May 23, 2002.

[2] S. Begley, "Latest Observations Steal the Thunder From Big Bang Theory," *The Wall Street Journal*, April 26, 2002.

[3] R. Cowen, "When branes collide," *Science News*, vol. 160, no. 12, p. 184, September 22, 2001.

[4] J. Glanz, "Listen Closely: From Tiny Hum Came Big Bang," *The New York Times*, April 30, 2001.

[5] P. Steinhardt, The Endless Universe: A Brief Introduction to the Cyclic Universe [Online]. Available: http://www.physics.princeton.edu/~steinh/philo/philo2.htm (accessed December 19, 2015).

[6] N. Turok, The Origins of Our Universe. Posted at Professor Turok's website at Cambridge University (UK) [Online]. Available: http://www.damtp.cam.ac.uk/user/ngt1000/ (accessed December 19, 2015).

2.5 在黑暗中吹口哨？

在 2.4 节中已经介绍了贝尔实验室的两位科学家因为偶然发现宇宙微波背景辐射而获得了 1978 年的诺贝尔物理学奖。在彭齐亚斯和威尔逊伟大发现的半个世纪之后，针对天空的微波频段无线电测量结果依然能够在学术界引起巨大反响。为了解释从美国航空航天局（NASA）宇宙、天体物理和弥漫辐射绝对辐射计（ARCADE 2）所得到的 3~90 吉赫频段内的辐射测量结果，意大利都灵大学的福尔内戈教授和同事将其归于银河系外暗物质所起到的作用。

NASA 的官方网站上说："宇宙、天体物理和弥漫辐射绝对辐射计（ARCADE）……由 7 个精密辐射计组成，它们被冷却到接近 0K，并被气球带到约 35 千米（21 英里）的高度。"ARCADE 于 2006 年 7 月 22 日成功升空，而包括辐射计在内的载荷在 37 千米的高度驻留了约 4 小时。这一任务"观测到了远比预期强烈的无线电背景辐射。探测到的背景辐射要比遥远射电星系的辐射高5~10倍,而这用常规的理论是无法解释的"。

过量的无线电噪声来何方？在一篇颇具争论的论文中,福尔内戈教授的团队将这一问题与暗物质(DM)联系起来。对于暗物质而言,"与其说我们知道它是什么,不如说我们知道它不是什么。第一,暗物质是黑暗的,这意味着它不同于我们看到的恒星和行星……第二,它不同于由正常物质组成的暗云,也不同于由高能重子组成的物质。第三,由于我们看不到反物质与物质湮灭时产生的独特伽马射线,它也不是反物质。第四,可以根据观测到的引力透镜效应的次数来排除大型黑洞(尺寸为星系量级)的可能性。"说了这么多,大家一定也明白了暗物质非常难以理解;然而在将宇宙组成结构(约70%的暗能量,约25%的暗物质和约5%的正常物质)的理论模型与宇宙观测结果相匹配的过程中,暗物质是不可或缺的。

在福尔内戈研究团队所公开的学位论文中有这样的描述:"ARCADE探测器观测到的强烈辐射来自许多非常微弱的源,而非星系外暗物质'光环'的组合。当被称为弱相互作用重粒子(Weakly Interacting Massive Particles, WIMP)的暗物质粒子发生彼此碰撞和湮灭时,人们认为这一过程会产生电子和正电子,而当它们穿过磁场时又会通过同步辐射产生无线电波。"

并不是所有的天体物理学家都认同将ARCADE探测器观测到的强烈辐射归结为暗物质的理论。福尔内戈教授也认为如果能够获得平方公里阵列(SKA)望远镜等天文观测系统的辐射测量数据来进行比较,学术界就能证明究竟是他的团队提出的关于暗物质的假设正确,还是比较老调的科学解释就已经足够了。让我们拭目以待吧!

参考文献

[1] R. Bansal, "Which came first: big bang or big crunch?" *IEEE Microwave Magazine*, vol. 3, no. 4, pp. 32-34, December 2002. DOI: 10.1109/MMW.2002.1145673.

[2] J. Cartwright, "Radio-Wave Excess Could Point to Dark Matter" *PhysicsWorld* [Online]. Available: http://physicsworld.com/cws/article/news/48018 (accessed December 19, 2015).

[3] ARCADE mission website [Online]. Available: http://arcade.gsfc.nasa.gov/ (accessed De-

cember 19, 2015).

[4] N. Fornengo, R. Lineros, M. Regis, and M. Taoso, "A Dark Matter Interpretation for the ARCADE Excess?" [Online preprint]. Available: http://arxiv.org/abs/1108.0569 (accessed December 19, 2015).

[5] NASA's astrophysics website [Online]. Available: http://science.nasa.gov/astrophysics/focus-areas/what-is-dark-energy/ (December 19, 2015).

2.6 超越自拍

能量达到 10^{20} 电子伏乃至更高量级的宇宙射线进入大气层的现象相当罕见,因此其起源相当神秘,要研究这一现象也极为困难。根据相关文献的报道:"(这种现象)会将快速移动的板球中的能量汇聚到一个超快速移动的原子核中。""从统计学角度来看,地球上每平方千米面积被这种高能射线击中的概率大约是一个世纪内发生一次。位于阿根廷的皮埃尔·奥格天文台监测范围约为 3000 千米^2,在 2005—2008 年每年大约会监测到 15 次这种现象。"也难怪有人会提出很多非同寻常的探测方案。例如,英国天体物理学家贾斯丁·布雷曾计划将月球作为巨型宇宙射线探测器,并采用平方公里阵列射电望远镜来侦听宇宙射线暴进入月壤时所产生的短时射频脉冲信号。

布雷的这个计划听起来相当于一个宏大的、难以实现的登月发射计划,但实际上我们依靠手机也可以实现这一目的。卡特利吉的创意是采用智能手机摄像头中的互补金属氧化物半导体(CMOS)芯片来探测宇宙射线与地球大气层中的大气分子碰撞所产生的二次粒子。下面是测试方法:

"需要做的工作是从互联网下载应用程序,给手机充电,然后使手机面向一个不透明的表面。在这种摄像头被遮盖的情况下,CMOS 像素或多或少地会被屏蔽于可见光子之外,但仍会接收到类似高能光子和介子之类的宇宙射线簇射粒子,因为这些粒子可以穿透墙壁、电缆和手机壳,从而在电离硅原子时产生可测电压值。生成的亮像素图案数据将被存储在手机中,并在具有互联网连接的条件下自动上传至中央服务器开展分析工作。"

知识链接：

皮埃尔·奥格天文台位于阿根廷西部，是以 1938 年首次观测到"持续空气簇射"的法国物理学家皮埃尔·奥格而命名的。该天文台的主要目的是研究宇宙射线的起源，由 1660 个粒子探测器组成，每个探测器之间相距 1.5 千米，总占地面积为 1200 平方千米，号称世界上最大的天文台。

读者可能会感到奇怪，既然超高能宇宙射线的爆发是如此罕见，以至于像皮埃尔·奥格天文台这样的大型观测设施每年也只能观测到几次而已，那么智能手机捕捉到此类事件的概率有多大呢？这就是有趣之处！从 2007 年至今苹果公司已经销售了超过 7 亿部 iPhone 手机，而 iPhone 手机尚且不是市场占有率最大的手机品牌。假如能够把数百万部智能手机用户聚集起来搜寻宇宙射线，结果会怎样？美国加利福尼亚大学尔湾分校的丹尼尔·怀特森和戴维斯分校的迈克尔·马尔赫恩进行了统计分析并给出了以下结论：

"为了确保能够接收到能级为 10^{20} 电子伏以上的宇宙射线，在每平方千米的覆盖区内需要 1000 部激活的手机——这意味着每 5 部手机应能在 5 秒内接收到一次宇宙射线产生的高能光子，这样才能将信号与不相关噪声区分开。研究者还计算出了需要覆盖多大的区域才能匹配皮埃尔·奥格天文台的'辐照量'，即观测区域、视场和数据采集持续时间的乘积。他们最后得出答案是 825 千米^2。由此他们得出结论，需要大约 825000 部智能手机。"

科学界也曾在科学服务中尝试过"众包"模式。例如，1999 年推出的 SETI@home 项目发布了免费屏保程序，全球的志愿者可以贡献出电脑的空闲时间，以供寻找外星智慧生命工程处理望远镜收到的数据。对此持怀疑态度者则认为 SETI 项目现在只剩下了大约 12 万名活跃用户，因此搜寻宇宙射线的志愿者恐怕难以达到最低限(大约825000位智能手机用户)。还有人对怀特森和马尔赫恩提出的智能手机网络模型的技术假设提出了质疑。但我觉得加入宇宙射线的全球猎手行列还是蛮有意思的。

参考文献

[1] E. Cartlidge, "Dialling Up the Cosmos" *PhysicsWorld* [Online]. Available: http://physicsworld.com/cws/article/print/2015/jan/15/dialling-up-the-cosmos (accessed March 9, 2015).

[2] "Moonbeams," *The Economist* [Online]. Available: http://www.economist.com/news/science-and-technology/21621705-intriguing-proposal-study-cosmic-rays-looking-earths (accessed March 9, 2015).

[3] R. Bansal, "AP-S turnstile: the annual quiz," *IEEE Antennas and Propagation Magazine*, vol. 57, no. 1, February 2015.

[4] CRAYFIS app website [Online]. Available: http://crayfis.io/about (accessed March 9, 2015).

[5] J. Dove, "Cook: iPhone 6 Sales Grew at 'Double the Industry Rate.'" *TNW* [Online]. Available: http://thenextweb.com/apple/2015/03/09/cook-iphone-6-sales-grew-at-double-the-industry-rate/ (accessed March 9, 2015).

你知道吗?

小测验(二)

1. 如果想逃离充斥着手机和Wi-Fi信号的现代世界,应该考虑搬到____。

(a) 内华达州卡连特

(b) 西弗吉尼亚州绿岸

(c) 蒙大拿州怀特霍尔

(d) 以上皆不是

2. 2015年是詹姆斯·克拉克·麦克斯韦发表以其姓氏命名的电磁学方程组的150周年。麦克斯韦原始的电磁理论方程组包括了____个方程。

(a) 4

(b) 8

(c) 20

(d) 以上皆不是

3. 2014年的诺贝尔物理学奖授予应用物理学领域的蓝光LED发明。试问以下哪个物理学科中汇聚的诺贝尔奖最多？

(a) 原子物理学、分子物理学和光物理学

(b) 凝聚态物理学

(c) 核物理学和粒子物理学

(d) 以上皆不是

4. 英国天体物理学家贾斯丁·布雷曾计划将____作为宇宙射线探测器，以便研究超高能宇宙射线的罕见爆发。

(a) 月球

(b) 地球

(c) 太阳

(d) 以上皆不是

5. 索尼公司申请了一项关于智能_____的专利，这项技术能够实现数据处理、无线通信以及包括血压在内的生理信号监测功能。

(a) 毛衣

(b) 领带

(c) 假发

(d) 以上皆不是

6. 德雷塞尔大学的研究人员开发了一套可以测量孕妇子宫收缩的_____天线传感器。

(a) 织物

(b) 印刷

(c) 纳米

(d) 以上皆不是

7. 乔纳森·舍索是一名来自瑞士的计算机专业学生。他开发了一套系统，

可以由无人机通过_____信号来搜寻自然灾害幸存者的下落。

（a）智能手表

（b）手机

（c）谷歌眼镜

（d）以上皆不是

8. 2013年,艾萨克·牛顿奖授予在_____领域做出杰出贡献的英国物理学家约翰·彭顿。

（a）演化计算技术

（b）磁偶极子

（c）超材料

（d）以上皆不是

9. 贝尔、爱迪生和特斯拉曾于1884年在_____参加了美国电气工程师协会首次举办的技术研讨会。

（a）波士顿

（b）纽约

（c）费城

（d）以上皆不是

10. 下列哪一项会被冲刷到沙滩上？

（a）纳米粒子

（b）微波

（c）微藻生物

（d）以上皆不是

答案：

1.（b）西弗吉尼亚州绿岸

来源：M. Gaynor, "The Town Without Wi-Fi," *Washingtonian*［Online］.（注释：特别感谢美国电子电气工程师协会人类与辐射委员会主席里克·特尔让我关注到了这一问题。绿岸射电天文望远镜又名罗伯特·C. 伯德绿岸望远镜,由美国国家射电天文台负责运行,该望远镜位于美国国家无线电静区内,在这

一区域内所有的无线电信号都依法被严格管制。)

网址：http://www.washingtonian.com/articles/people/the-town-without-wi-fi/? src=longreads.

访问时间 2015 年 1 月 9 日。

2. (c) 20

来源：J. Rautio, "The Long Road to Maxwell's Equations. *IEEE Spectrum*" [Online]. (注释：奥利弗·亥维赛于 1885 年将麦克斯韦方程组从 20 个方程缩减至如今的 4 个方程式。)

网址：http://spectrum.ieee.org/telecom/wireless/the-long-road-to-maxwells-equations.

访问时间：2015 年 1 月 9 日。

3. (c) 核物理与粒子物理学

来源：H. Johnston, "What Type of Physics Should You Do If You Want to Bag a Nobel Prize?" *PhysicsWorld* [Online]. (注释：在核物理与粒子物理学领域共计有 68 位科学家获得了 35 项诺贝尔奖。)

网址：http://blog.physicsworld.com/2014/10/02/what-type-of-physics-should-you-do-if-you-want-to-bag-a-nobel-prize/.

访问时间：2015 年 1 月 9 日。

4. (a) 月球

来源："Moonbeams," *The Economist* [Online]. (注释：布雷计划采用巨型的平方公里阵列(SKA)射电望远镜来侦听宇宙射线暴进入月壤时产生的短时射频脉冲信号。)

网址：http://www.economist.com/news/science-and-technology/21621705-intriguing-proposal-study-cosmic-rays-looking-earths.

访问时间：2015 年 1 月 9 日。

5. (c) 假发

来源："Wearable Tech," *The IET* [Online].

网址:http://www.theiet.org/inspec/support/subject-guides/wearable-tech.cfm.

访问时间:2015 年 1 月 9 日。

6. (a)织物

来源:"Wearable Technology"[Online].

网址:http://drexelnanophotonics.com/wearable-technology/.

访问时间:2015 年 1 月 9 日。

7. (b)手机

来源:"A Drone That Finds Survivors Through Their Phones"[Online].

网址:http://actu.epfl.ch/news/a-drone-that-finds-survivors-through-their-phones/.

访问时间:2015 年 1 月 9 日。

8. (c)超材料

来源:H. Johnston,"John Pendry Wins 2013 Isaac Newton Medal." *PhysicsWorld*[Online].

网址:http://physicsworld.com/cws/article/news/2013/jul/01/john-pendry-wins-2013-isaac-newton-medal.

访问时间:2015 年 1 月 9 日。

9. (c)费城

来源:A. Davis,"IEEE Milestone Recognizes the AIEE's First Technical Meeting," *The Institute*[Online].

网址:http://theinstitute.ieee.org/technology-focus/technology-history/ieee-milestone-recognizes-the-aiees-first-technical-meeting.

访问时间:2015 年 1 月 9 日。

10. (b)微波

来源:这一双关语来源于我的女儿。

第3章
寻找地外文明

终有一日人类会瞠目结舌:真的有类似地球的行星存在啊!

——克里斯托弗·雷恩(1632—1723年)

3.1 小绿人:幽灵的威胁?

1999年,全美的影院都在热映《星球大战前传 I:幽灵的威胁》。但好莱坞并不是唯一对我们星际邻居的传奇故事感兴趣的机构。大概在同时,几百英里以北的美国加州大学伯克利分校天文学系为其搜寻地外文明计划(search for extraterrestrial intelligence,SETI)任命了一位新主席。威廉·"杰克"·韦尔奇(现为该校荣休教授)曾是搜寻地外文明计划的第一位沃森和玛里琳·阿尔伯茨主席,也是坐落在美国加州山景城的 SETI 研究所的时任副主席。

韦尔奇主持过公顷望远镜的项目(现在称为艾伦望远镜阵列)。该项目的总有效孔径为1万米^2(1公顷),技术方案是由数百个射电望远镜组成的相控阵。这样一个庞大的系统至少需要2500万美元。韦尔奇曾说:"采用自己制造的大量卫星电视天线和低成本接收机就能实现高灵敏度的天线系统,其成本远低于由大型反射面天线和大型接收机组成的系统。"

威廉·韦尔奇的夫人吉尔·塔特也是 SETI 研究所的科学家。她受电影

《超时空接触》中朱迪·福斯特所扮演的角色启发,撒了一张更大的网。她对平方公里阵列(SKA)射电天文望远镜项目的进展非常期待——该项目由分布在100万千米^{2}内的天线组成,其有效孔径的直径约为1000千米。天文学家的梦想是依托平方公里阵列项目观测到宇宙演化早期的"初光时刻"。但塔特对于这一耗资5亿美金的大科学装置有着与众不同的期待,她认为这个大家伙能够让人类有机会观看星际电视节目!根据她的估算,平方公里阵列项目能够有效接收5光年范围内的标准地面电视发射机的信号。假如临近外星文明社会采用了与我们类似的电视发射机,平方公里阵列就能有效接收到他们的信号,即使这些信号不是专门为我们播放的。假如我们看到外星人在收看电影《星球大战》的重播,我们该怎么想?

知识链接:

本节标题中的小绿人指电影《星球大战》系列中的尤达(Yoda)。

1999年5月17日推出了SETI@home计划,任何拥有个人计算机和互联网接入条件的人都可以立即参与这场搜寻地外文明的全球热潮。可以登录SETI@home主页,下载软件,然后把其余的事情交给计算机。当计算机处于"空闲"状态时,计算机程序将开始处理SETI项目所收集到的真实数据。这些数据来自为了搜寻潜在外星信号、坐落在波多黎各的阿雷西博射电望远镜。计算结果将被反馈给加州大学伯克利分校SETI@home项目的科学家,然后新的计算任务又会被分配过来。

来源:基于英国广播公司、《休斯顿纪事报》《哈特福德报》《经济学人》以及美国加州大学伯克利分校EECS/ERL新闻1999年春季刊的相关报道编辑而成。

知识链接:

电影《超时空接触》是美国华纳兄弟电影公司 1997 年出品的科幻片。朱迪·福斯特饰演的女主角是一名天文学家,一次偶然的机会收到了来自织女星的信号。经过解密,这居然是外星人发来的。她经过虫洞到达了织女星,但如何让别人相信自己的这段奇幻旅程?这部电影的豆瓣打分为 8.4 分,值得一看。

知识链接:

平方公里阵列(SKA)射电天文望远镜是一个耗资数十亿美元的天文观测项目。观测设备将主要布置在澳大利亚和南非,这主要是由于那里具有良好的无线电环境。平方公里阵列射电天文望远镜项目是继国际热核聚变实验堆(ITER)之后,我国参与的第二个国际大科学工程。

参考文献

[1] For more information about the Allen Telescope Array, consult the website: http://www.seti.org/ata (accessed April 27, 2016).

[2] To learn more about the Square Kilometer Array project, see: https://www.skatelescope.org/ (accessed April 27, 2016).

[3] The technical challenges involved in watching reruns of old TV shows across interstellar distances are discussed at：http：//contactincontext. org/lucy. htm（accessed April 27, 2016）.

[4] More details about the SETI@ home project are available at the project website at：http：//setiathome. ssl. berkeley. edu/（accessed April 27, 2016）.

[5] To learn more about the Arecibo radio telescope，which supplies the data used by SETI@ home, consult the website of the Arecibo Observatory at http：//www. naic. edu/general/（accessed April 27, 2016）.

3.2 等待戈多？

终有一日人类会瞠目结舌：真的有类似地球的行星存在！

——克里斯托弗·雷恩(1632—1723年)

在过去300年中，科学家在光学望远镜领域取得了诸多进展和突破。为了寻找类似地球这样能够支持生命存在的行星，天文学家试图在"金凤花"距离的轨道上寻求突破——这个距离不能太近，否则只会发现热得无法忍受的"木星"；然而也不能太冷，否则只会找到冰冷的"冥王星"。但美国喷气动力实验室（JPL）的研究人员在《自然》杂志撰文指出，科学家已经在这一领域取得了巨大进展。喷气动力实验室的研究团队将波前校正技术应用在日冕仪，并采用了一台口径1.5米的小型地面望远镜来进行观测。

然而在过去50年搜寻地外文明的过程中，大家更愿意采用射电望远镜。依靠日益复杂的相控阵天线技术，人类已经识别出了近1000个发射"智能"无线电信号的恒星系统。例如，位于加利福尼亚州的艾伦望远镜阵列（主要由微软公司的联合创始人保罗·艾伦资助）由42个口径6米的反射面天线构成，这一系统最终将扩展到350个反射面天线，从而有望在10年内完成观测100万个恒星系统的目标。

尽管50年来人类利用日益先进的设备孜孜不倦地侦听外星信号，我们目前听到的还都是寂静之声。类似于荒诞剧《等待戈多》中的主人公那样，我们是在徒劳地等待吗？现在已经有科学家在质疑SETI项目的整个前提了。英国物理学家保罗·戴维斯在其新著作中如是评价：

> **知识链接：**
>
>
>
> 《等待戈多》(Waiting for Godot) 是爱尔兰现代主义剧作家塞缪尔·贝克特的一部荒诞剧。贝克特因这一作品而获得了1969年的诺贝尔文学奖。剧中的两位主人公爱斯特拉冈和弗拉季米尔期望戈多的到来能改变他们的处境。但戈多始终没来，接连两个晚上来的都是一个小男孩。最后戈多的使者前来传讯：戈多先生今晚不来了，明天准来。他们绝望了，两次上吊都未能如愿。他们只好继续等待，永无休止地等待。

"目前，大多数搜寻地外智慧生命的战略中都存在着一个致命缺陷。卡尔·萨根向大众普及了这样一个观点——在远方的某处可能存在一个心底无私的外星文明社会，他们可能正在主动地向人类发送无线电信号，向我们表示欢迎。但这种理论经不起推敲。即使对SETI项目持乐观态度的人也认为在几百光年的范围内极其不可能存在一个熟练掌握无线电技术的文明社会，况且系统性的搜寻也一无所获。银河系的宽度大约为10万光年——因此这样一个星球还算是银河系内的'近邻'。假定存在这样一个外星文明，他们也不可能知道我们的存在，更不可能知道地球人已经掌握了无线电技术和探测其无线电信号的手段。这涉及光速问题。在1000光年之外的外星人所看到的地球乃是1000年前的景象。这是因为根据物理学基本定律，没有什么能比光传播得更快，由此外星人不可能知道地球上所发生的工业革命和人类发明的射电望远镜。这样的话，他们为什么要在看到地球上公元10年的景象之时，就向1000年后的我们发射电波信号？他们可能看到了地球的农业文明以及诸如金字塔之类的大型建筑物，然后就此推断1000年后的人类将开发出无线电技术。但如果说是他们知道我们掌握了无线电技术之后，再向我们发射功能强大而又耗资不菲的无线电信息，这对他们也毫无意义。这会是什么时候呢？我们微弱的无线电信号以光速到达他们，那也将是900年后的事情了。"

知识链接：

史蒂芬·霍金(Stephen Hawking, 1942—2018年)，著名英国物理学家。他由于肌肉萎缩性侧索硬化症而瘫痪，后来演讲和问答只能通过语音合成器来完成。他的名气如此之大，部分应该归功于他的科普著作《时间简史》(A Brief History of Time)。

不是每个人都在翘首企盼与外星文明相遇。物理学家史蒂芬·霍金曾经在探索频道的节目中表示，尽管人类对于宇宙中某处存在其他智慧文明的假设"非常合乎情理"，我们仍应尽量避免与他们接触。霍金警告说："外星人接触地球人就像当年哥伦布抵达美洲新大陆，对美洲原住民而言可不是一件好事。我们只要看看自己，就能明白外星智慧生命可能已经发展到我们不想相遇的高级阶段了。"这样看来，戈多还是不出现为妙。

参考文献

[1] "Extrasolar Planets: A trick of the Light," The Economist [Online]. Available: http://www.economist.com/sciencetechnology/displaystory.cfm? story_id = 15905845 (accessed December 23, 2015).

[2] E. Serabyn, D. Mawet, and R. Burrus, "An image of an exoplanet separated by two diffraction beamwidths from a star," *Nature*, vol. 464, pp. 1018-1020, 2010.

[3] "Signs of Life," *The Economist*, pp. 89-90, April 17, 2010.

[4] "Seeking Extraterrestrial Intelligence: A Deathly Hush," *The Economist* [Online]. Available: http://www.economist.com/books/displaystory.cfm? story_id = 15864923 (accessed December 23, 2015).

[5] P. Davies, *The Eerie Silence: Renewing Our Search for Alien Intelligence*, Houghton Mifflin Harcourt, 2010.

[6] Paul Davies discussed his book [5] at: http://www.amazon.com/Eerie-Silence-Renewing-Search-Intelligence/dp/0547133243 (accessed December 23, 2015).

[7] "Hawking Warns over Alien Beings," BBC [Online]. Available: http://news.bbc.co.uk/2/hi/uk_news/8642558.stm (accessed December 23, 2015).

3.3 里面有人吗？

"里边有人吗？"旅行者问，
一边把月下门扉叩敲；
他的马在寂静中大声咀嚼
林间空地丰茂的青草。

瓦尔特·德拉·梅尔(1873—1956)《倾听者》

如同瓦尔特·德拉·梅尔著名诗篇《倾听者》中困惑的旅行者一般，人类也长期在思考，宇宙中是否存在其他文明。最近搜寻地外文明研究所的高级天文学家塞斯·肖斯塔科在美国众议院科学委员会的证言中提出了以下乐观的评估结果：

"尽管目前没有证据表明宇宙中存在地外文明，但我认为这种情况将在在座各位的有生之年发生改变。"

我在文献[4]中已经介绍了，尽管50年来人类利用日益先进的设备孜孜不倦地侦听外星信号(依靠日益复杂的相控阵天线技术，人类已经识别出了将近1000个发射"智能"无线电信号的恒星系统)，但目前我们听到的还都是寂静之声。那么肖斯塔科在国会听证会上的发言说明了什么呢？让我们先来看看他在听证会上提供的"证据"：

- 美国航空航天局的开普勒望远镜发现星系中存在大量行星,而且仅在银河系中就可能存在数百亿颗适合人类居住的行星。肖斯塔科称:"如果地球是宇宙中唯一存在智慧生命的行星,这也太非同寻常了。"

知识链接:

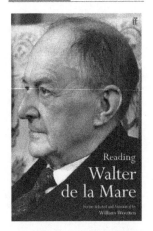

瓦尔特·德拉·梅尔是英国诗人、小说家。由于家贫,他16岁中学毕业后在一家石油公司当小职员,工作了20年。20多岁开始向各杂志投稿。1912年,他的诗集《倾听者》终于使他成名。

- 尽管评估诸如SETI之类的无线电侦听项目的成功率非常困难,研究者预计至少要观测数百万颗恒星系统才有可能成功。肖斯塔科期待着射电望远镜技术能够实现重大突破以推动观测能力的提升。这一过程需要大量计算资源来分析射电望远镜接收到的数据。当1999年推出免费屏保程序SETI@home之后,全球已经有数百万志愿者将他们计算机的空闲时间捐献出来,以分析SETI望远镜接收到的无线电信号。

- 另一种寻找地外生命的方式是探寻在其他行星及其卫星上存在微生物的证据(不管是过去的生命遗迹,还是微生物活体)。向火星派遣机器人是实现这一目标的手段之一。肖斯塔科在听证会上说,太阳系内至少存在五六个可能存在生命的星球。

- 探测行星表面大气中是否存在诸如氧气和甲烷之类的气体也能间接支持科学家开展生命活动的研究工作。当一颗行星穿越过地球及太阳时,如果其大气层足够厚,就可以观测到其表面气体的组分。

肖斯塔科在听证会上说后两种手段(直接寻找微生物和分析行星大气组分

的方式)有望在未来 20 年内提供令人信服的数据。

我固然对寻找地外文明的工作充满热情,但包括史蒂芬·霍金在内的很多人则认为尽管假定宇宙中存在其他智慧文明是"非常合理"的,但人类仍应尽量避免与外星智慧直接接触。这些持怀疑态度的人(悲观者)或许可以从瓦尔特·德拉·梅尔诗篇《倾听者》的最后一部分得到安慰:

"突然他更响亮地擂击大门,

并且高昂起他的前额——

'告诉他们我来过,没人答应,

我信守了诺言',他说。"

参考文献

[1] Walter de la Mare, "The Listeners" [Online]. Available:http://www.poetryfoundation.org/poem/ 177007 (accessed May 31, 2014).

[2] The SETI Institute website [Online]. Available:http://www.seti.org/ (accessed May 31, 2014).

[3] "Will We Meet Aliens in the Near Future?," *The Christian Science Monitor* [Online]. Available: http://www.csmonitor.com/layout/set/print/Science/2014/0528/Will-we-meet-aliens-in-the-near-future-video (accessed May 31, 2014).

[4] R. Bansal, "AP-S turnstile: Waiting for Godot," *IEEE Antennas and Propagation Magazine*, vol. 52, no. 3, pp. 124-125, June 2010.

[5] SETI@ home [Online]. Available:http://setiathome.ssl.berkeley.edu/ (accessed May 31, 2014).

3.4 寻找"戴森球"——科学抑或科幻小说

英国哲学家兼作家奥拉夫·斯塔普雷顿在其 1937 年出版的科幻小说《造星主》中描绘了一个高度发达的文明社会,生活在其中的外星人为满足巨大的能源需求而围绕母星建造了一个球形外壳,这样可以捕捉所有辐射出去的光子。这样一个球形外壳的存在将使得该恒星对宇宙其他部分不可见,然而凡事皆有例外——根据美国普林斯顿大学物理学家弗里曼·戴森 1960 年提出的假设,该球形结构(现在称为"戴森球")会把这一文明社会产生的热量通过中红外频段再辐射出去。在为《自然》杂志撰写的一篇短文中,戴森建议在寻找地外文明存在线索的过程中"不仅应该采用搜寻星际无线电通信信号的方式,也应该搜寻外星文明的红外辐射源"。在回应读者关于建造这样一个球形外壳在结构上似乎难以实现的质疑时,戴森教授澄清道:"我所设想的球形结构(生物圈)是由围绕在行星的不同轨道上物体的松散组合或群体。这些单个物体的尺寸和形状应该适合居民。我并没有沉溺于思考这一球形结构的建造细节问题,因为红外辐射与之并不相关。"

让我们快进到21世纪。美国宾夕法尼亚州立大学天文学家杰森·怀特团队受约翰·邓普顿基金会发起的"新疆界"计划资助,开始了名为G-HAT(Glimpsing Heat from Alien Technologies)的搜寻地外文明任务。他们利用美国航空航天局的广域红外探测器(Wide-Field Infrared Survey Explorer, WISE)太空望远镜开展搜寻工作。怀特开心地解释说:"美国航空航天局发射WISE太空望远镜纯粹是为了促进天体物理学的发展,而它恰好成为理想的戴森球'猎手'。"截至目前,对于10万个星座的"泄密"红外辐射特征的搜索还没有找到先进文明的证据,然而该研究团队还是找到了值得进一步研究且令人困惑的中红外辐射源。怀特教授认为,未来开展更细致的观测能够"推动观测灵敏度的大幅提升,这样能够更好地将自然天体产生的热与(人类)先进技术产生的热区分开来。研究还处于起步阶段"。

知识链接:

奥拉夫·斯塔普雷顿1937年出版的《造星主》(Star Maker)被业界誉为科幻小说的开山之作。这本书描述了一个地球人灵魂出窍之后,漫游宇宙,追寻造星主的奇幻故事。

对于天文学家来说,将期望的信号与人类社会产生的信号区别开来一直是一项技术挑战。近来澳大利亚天文学家的遭遇就是一个例子。澳大利亚帕克斯天文台的研究人员发现至少有一种佩利顿(peryton,一种扫频辐射特性与银河系外快速射电暴相似且源自地球的毫秒级暂态效应)源自天文台工作人员使用的微波炉。他们在一篇文献中写道:"后续的测试表明,在同时满足微波炉的门提前打开和望远镜处于某一倾角的两个条件时,在1.4吉赫的频率将产生佩利顿。在磁控管关闭阶段逃逸出微波炉的无线电辐射完美地诠释了观测到佩利顿的所有特性。"

参考文献

[1] "Olaf Stapledon, 1886-1950," eBooks@ Adelaide [Online]. Available:https://ebooks.adelaide.edu.au/s/stapledon/olaf/(accessed April 6, 2015).

[2] "Infra Digging," The Economist [Online]. Available:http://www.economist.com/news/science-and-technology/21648607-search-extraterrestrials-goes-intergalactic-infra-digging(accessed April 6, 2015).

[3] D. Byrd, "What is a Dyson Sphere?" *EarthSky* [Online]. Available:http:/earthsky.org/space/what-is-a-dyson-sphere(accessed April 6, 2015).

[4] F. Dyson, "Search for Artificial Stellar Sources of Infrared Radiation (abstract)," Science [Online]. Available:http://www.islandone.org/LEOBiblio/SETI1.HTM(accessed April 6, 2015).

[5] J. Wright, "The G Search for Kardashev Civilizations," *AstroWright* [Online]. Available:http://sites.psu.edu/astrowright/the-g-hat-search-for-kardashev-civilizations/(accessed April 6, 2015).

[6] T. Lewis, "Incredible Technology: How to Search for Advanced Alien Civilizations," *Livescience* [Online]. Available:http://www.livescience.com/42540-how-to-search-for-alien-civilizations.html(accessed April 6, 2015).

[7] T. Commissariat, "Trail Runs Cold on Alien Hotspots, for Now," *Physicsworld* [Online]. Available:http://physicsworld.com/cws/article/news/2015/apr/28/trail-runs-cold-on-alien-hotspots-for-now(accessed April 6, 2015).

[8] R. Yirka, "Mystery of Peryton Reception at Australian Observatory Solved: It's From Micro-

wave Ovens," Phys. Org ［Online］. Available：http：//phys. org/news/2015-04-mystery-peryton-reception-australian-observatory. html（accessed April 6, 2015）.

> **知识链接：**
>
> 2015年秋,当位于1400光年之外编号为KIC 8262852的恒星亮度周期性变暗之时,科学界颇为激动。莫非是轨道太阳能收集装置(所谓的戴森云)遮挡住了光线？SETI研究所立即调整艾伦望远镜的指向以搜寻无线电信号。令人失望的是,没测到任何信号。SETI研究所的高级天文学家塞斯·肖斯塔克评价道:"我们固然应该对巨型结构的出现充满希望,但我们也不应为此孤注一掷。"
>
> 网址：http：//www. seti. org/seti-institute/news/are-there-signalscoming-deep-space。访问时间：2016年4月28日。
>
>
>
> 由俄罗斯亿万富翁尤里·米尔纳资助的"突破聆听计划"（Breakthrough Listen Initiative）2017年加入到恒星观测科学装置的序列中。我们拭目以待。
>
> 网址：http://spectrum. ieee. org/transportation/mass-transit/100-million-breakthrough-listen-initiative-starts-searching-for-et.

你知道吗？

小测验(三)

1. 佛罗里达国际大学的研究者从日本传统折纸技艺中获取灵感,研发出一种功能更强大且结构更紧凑的_____。

(a) 无人机

(b) 天线

(c) 潜艇瞭望塔

(d) 以上皆不是

2. 著名的超外差接收机技术,也就是采用混频或超外差方式将接收到的信号转换至比原始无线电信号频率低且更便捷的固定频率的方式,是由____在1917年发明的。

(a) 雷金纳德·范信达

(b) 埃德温·阿姆斯特朗

(c) 罗伯特·利维

(d) 以上皆不是

3. 美国得克萨斯大学的研究人员开发出了一种_____。该装置的尺寸大约是一粒米的1/10,研究者希望有朝一日可以用它来为智能手机供电。

(a) 燃料电池

(b) 核电池

(c) 微型风车

(d) 以上皆不是

4. 1997年,在一项反磁性研究工作中,安德烈·海姆和同事利用强磁场使一只活青蛙飘浮于空中。这项工作获得了2000年搞笑诺贝尔物理学奖(由《不可思议研究年报》评选)。海姆后来因为在_____领域的研究成果而获得了2010年诺贝尔物理学奖。

(a) 石墨烯

(b) 超导

(c) 分数霍尔效应

(d) 以上皆不是

5. ____曾经将植入其体内除颤器的无线功能关闭,这样别人就无法通过侵入这一装置来暗杀他。

(a) 美国前总统克林顿

(b) 美国前国防部长拉姆斯菲尔德

(c) 美国前副总统切尼

(d) 以上皆不是

6. 美国纽约大学和韩国三星电子的研究者希望把未来第五代(5G)蜂窝网络的频率拓展到_____频段。

(a) 毫米波

(b) 太赫兹

(c) 甚高频

(d) 以上皆不是

7. 西班牙和德国的物理学家设计并制造了一种由铁磁和超导材料制成的"磁性软管",可以实现_____的功能。

(a) 制造无噪声的真空清洁器

(b) 发射磁场

(c) 在地面上提取磁性矿物

(d) 以上皆不是

8. 每人平均一天会看_____次手机。如果能够在适当的时间向人们发送合适的信息,就能够为快速发展的移动健康领域提供巨大的发展机遇。

(a) 15

(b) 60

(c) 150

(d) 以上皆不是

9. 全球功能最强大的射电望远镜是阿塔卡玛毫米/亚毫米波阵列望远镜。该装置位于_____,共计耗资 13 亿美元,由 66 个反射面天线构成。

(a) 夏威夷

(b) 澳大利亚

(c) 智利

(d) 以上皆不是

10. 英国的多基一次监视雷达依靠飞机反射的_____信号以对其进行跟踪。

(a) 蜂窝通信

(b) 广播电视

(c) 广播无线电

(d) 以上皆不是

答案

1. (b)天线

来源:"FIU Engineers Use Origami to Design Antennas," NBC [Online].

网址:http://www.nbcmiami.com/news/FIU-Engineers-Use-Origami-to-Design-Antennas-242370551.html.

访问时间:2016年1月5日。

2. (c)罗伯特·利维

来源:A. Douglas, "Who Invented the Superheterodyne?" [Online]. (注释:感谢布罗伊德和克拉韦里尔让我关注到这个充满争议的问题。以往大家会把这项发明归功于埃德温·阿姆斯特朗。)

网址:http://antique radios.com/superhet/.

访问时间:2016年1月5日。

3. (c)微型风车

来源:W. Pentland, "Micro-Windmills May One Day Power Your Smart Phone," Forbes [Online].

网址:http://www.forbes.com/sites/williampent land/2014/01/10/micro-windmills-may-one-day-power-yoursmart-phone/.

访问时间:2016年1月5日。

4. (a)石墨烯

来源:R. Wesson, "The Wow Factor," Prism [Online].

网址:http://www.asee-prism.org/discovery/.

访问时间:2016年1月5日。

5. (c)美国前副总统切尼

来源:N. Gass, "Dick Cheney Feared Assassination by Heart-Device Hack,"

Politico [Online].

网址：http://www.politico.com/story/2013/10/dick-cheney-feared-assassination-by-heart-device-hack-98550.html.

访问时间：2016年1月5日。

6. (a)毫米波

来源：D. Talbot, "What 5G Will Be: Crazy-Fast Wireless Tested in New York City," *Technology Review* [Online].

网址：http://www.technologyreview.com/news/514931/what-5g-will-be-crazy-fast-wireless-tested-in-new-york-city/.

访问时间：2016年1月5日。

7. (b)发射磁场

来源：E. Cartlidge, "Introducing the Magnetic Hose," *PhysicsWorld* [Online].

网址：http://physicsworld.com/cws/article/news/2013/may/01/introducing-the-magnetic-hose.

访问时间：2016年1月5日。

8. (c) 150

来源：B. Cleland, "mHealth Moving Along" [Online].

网址：http://www.ipi.org/policy_blog/detail/mhealth-moving-along.

访问时间：2016年1月5日。

9. (c)智利

来源："The Great Test Tube in the Sky," *The Economist* [Online].

网址：http://www.economist.com/news/science-and-technology/21573533-space-one-big-chemistry-set-great-test-tube-sky.

访问时间：2016年1月5日。

10. (b)广播电视

来源："A Programme Worth Watching," *The Economist* [Online].

网址：http://www.economist.com/news/science-and-technology/21573527-how-air-traffic-control-can-use-television-signals-plot-aircraft-programme.

访问时间：2016年1月5日。

第4章
职业精神:道德与法律

> 通过哲学我领悟到:我行事是出于自觉,而他人行事只是因为畏惧法律。
>
> 亚里士多德(公元前384—公元前322年)

4.1 太阳风车的物理学原理——是麦克斯韦欺骗了大家吗?

我的孩子曾经送给我一个太阳风车(究竟是父亲节礼物,还是生日礼物?确实记不清楚了),他们总是喜欢以这种方式给我的办公室增加一些趣味。太阳风车也称光风车,更准确的名字应该是克鲁克斯辐射计。这种东西常会作为益智玩具,有些折扣店会将其作为摆件出售,亚马逊网站上也有售。它由底座和安装在其上的密封玻璃罩组成;玻璃罩内部立轴的水平杆上安装了四片沿垂直方向的叶片。将太阳风车置于阳光之中,叶片就会开始朝着亮面的方向转动。风车不需要电池,光线越亮(无论是自然光,还是人造光),风车转动就越快。

当我在餐桌上打开礼物,孩子问我知不知道太阳风车的工作原理。虽然我以前没见过这种辐射计,但我认为它完美地诠释了光产生辐射压力的物理现象。撞击到银色反射面的光子和被暗色背面吸收的光子将产生压力。

为了验证这个解释,当天晚饭后我在谷歌网站上检索了"radiometer"(辐射计)这个词。我居然错了!我的这个分析恰好与1873年发明这种辐射计的化学家威廉·克鲁克斯的解释不谋而合。克鲁克斯在论文中用辐射压力差来解释辐射计的工作原理。麦克斯韦审阅了这篇论文后不但接受了克鲁克斯的主张,还对他用自己的电磁理论预测并实验验证了辐射压力问题而感到高兴。然而数年后发现,即使真是辐射压力让叶片转动起来,那么叶片也应该逆着实际观察到的转动方向运动才对。亮反射面的辐射压力更大,因此叶片将被推向暗的一面。直到1901年才有人发现,如果用玻璃罩构成一个完全真空环境,叶片根本就不会转动。这说明玻璃罩内的气体在克鲁克斯辐射计的运转中发挥着某种作用。

知识链接:

太阳风车

1879年,奥斯本·雷诺在提交给英国皇家学会的一篇论文中用"热流逸"理论对辐射计的旋转问题进行了正确的定性分析。由于热梯度的存在,气体分子将在叶片边缘产生切向力,这就是叶片转动的根本原因。这篇论文的审稿人恰恰又是麦克斯韦;他接受了雷诺的理论,但提出了修改建议。在麦克斯韦于1879年11月去世不久,他的一篇题为《关于稀薄气体因温度不均衡而产生的压力问题》的论文居然刊登在《英国皇家学会哲学学报》上。在这篇文章中,麦克斯韦认可了雷诺未发表的工作,但又对其数学处理问题进行了批驳。雷诺的论文直到1881年才得以发表。他希望英国皇家学会刊登出他对麦克斯韦这种不当行为的抗议信,然而"逝者为大,不提也罢"。

顺便说一下,尼科尔斯和赫尔于1901年研制出了基于辐射压力的辐射计(尼科尔斯辐射计),其原件现在保存于史密森尼学会。

第4章 职业精神：道德与法律

奥斯本·雷诺(Osborn Reynolds,1842—1912)是英国物理学家,1867年毕业于剑桥大学。他在力学与工程学中做出了突出贡献,流体力学中被广泛应用的雷诺数就是以他而命名的。

参考文献

[1] P. Gibbs, "How Does a Light-Mill Work?" [Online]. Available：http://math.ucr.edu/home/baez/physics/General/LightMill/light-mill.html (accessed January 5, 2016).

[2] D. Lee, "A Celebration of the Legacy of Physics at Dartmouth," Dartmouth Undergraduate Journal of Science. Dartmouth College, 2008 [Online]. Available：http://dujs.dartmouth.edu/spring-2008-10th-anniversary-edition/what-else-has-happened-a-celebration-of-the-legacy-of-physics-at-dartmouth (accessed January 5, 2016).

[3] For a mathematical derivation of radiation pressure, see for example：http://farside.ph.utexas.edu/teaching/em/lectures/node90.html (accessed April 27, 2016).

[4] To learn more about the ethics of peer review, see for example：http://research-ethics.net/topics/peer-review/#discussion (accessed April 27, 2016).

4.2 手机与癌症：基于法律观点的剖析

背景

2000年,克里斯托弗·纽曼博士夫妇认为自己因使用摩托罗拉公司生产的模拟制式手机而患上了脑癌,将摩托罗拉公司、两家移动通信行业协会和数家移动通信服务商告上法庭并索赔8亿美元。一家巴尔的摩的律师事务所代理了纽曼夫妇的案件，这家机构曾经成功起诉了石棉制品公司。尽管这并非首个将手机与脑癌联系起来的诉讼案，其影响力却非同寻常。马里兰州地方法院在2000年初要求原被告双方进入"证据开示"阶段，并聚焦于几个既广义又具体的问题，其中包括：①使用无线手持式电话是否会引起脑癌？②纽曼博士是否是因为使用摩托罗拉公司生产的手机而患上了脑癌？2002年2月和3月就举行了初步证据听证会，但法官直到当年9月才收到听证会的最终反馈结果。最终，凯瑟琳·布莱克法官驳回了原告的诉讼请求。法官详细的备忘录有助于我们理解科学证据的法律可采性问题。

《美国联邦证据规则》

布莱克法官依据1993年道伯公司起诉梅里尔制造公司案，认为初审法庭为了满足其"守门人"功能应该开展双向分析。她说："第一个问题，科学证据是否有效且可靠；第二个问题，科学证据是否能够帮助事实审判人，而且一般是一个'相关'还是'适宜'的问题，即假定证据可靠，它是否适用于当下这个案件中的事实。"法庭在道伯公司的案件中识别出了以下影响科学证据可采性的关键因素：

(1) 一项理论或技术是否可以经过测试或已经经过测试；

(2) 它是否已经通过同行评议并得以出版；

(3) 一项技术是否有较高的已知或潜在的误差概率，而且是否存在能控制其运行的标准；

(4) 一项理论或技术是否被相应的科学界人士普遍接受。

裁决

布莱克法官在审查了双方的证据后做出裁决，纽曼博士邀请的专家所提出的因果关系（即使用手机会引起脑癌）未能通过道伯测验。布莱克法官认为："由于大量美国国内以及国际科学界和政府发布的报告没有对使用手机引起脑癌的问题提供足够的证据，而应被告方要求出庭作证的一系列资深、经验丰富且非常可信赖的专家也证实了原告的假定、原理和方法并未得到科学界的普遍认可。唯一支持原告诉讼请求且经过同行评议的公开流行病学研究则存在重大缺陷;为了将动物研究与人类脑癌联系起来,可靠的流行病学研究是不可或缺的。原告所依赖的哈德尔博士的流行病学研究和拉伊博士的动物研究都未能得到其他科学家的证实。此外,拉伊博士所公开的频率为 2.45 吉赫的研究结果对于工作在 850 兆赫的模拟制式手机来说既不'相关'也不'适宜'。"

纽曼博士的律师约翰·安杰罗斯承认:"我们未能通过这一标准……被告取得了完胜。"

尾声

美国最高法院关于证据可采性的观点值得我们进一步研究:

"结论和方法并不是完全割裂的……法庭可能会因为数据和观点之间的巨大鸿沟而做出裁决。"

参考文献

[1] Memorandum (2002) by Judge Blake in the case of *Newman et al. v. Motorola et al.*

[2] *The Wall Street Journal*, October 1, 2002.

[3] *WIRED NEWS*, September 30, 2002.

[4] *Boston Herald*, September 30, 2002.

[5] The current position of the US Food and Drug Administration (FDA) on the safety of cell phones is posted at: http://www.fda.gov/Radiation-EmittingProducts/RadiationEmitting-ProductsandProcedures/ HomeBusinessandEntertainment/CellPhones/ucm116282.htm (accessed April 27, 2016).

[6] For more information on the *Daubert v. Merrell Dow* case, see for example: http://www.casebriefs.com/blog/law/torts/torts-keyed-to-prosser/causation-in-fact/daubert-v-merrell-dow-pharmaceuticals-inc-4/ (accessed April 27, 2016).

4.3 美国专利商标局——两百岁生日快乐

2002 年是美国专利商标局(USPTO)成立两百周年。我从专利史中撷取了以下片段:

美国宪法中明确规定"为发展科学和实用技术,国会有权保障作者和发明人在有限的时间内对其作品和发明享有独占权"；这是《美国专利法》的立法依据，也是美国专利商标局成立的基础。根据1790年的《美国专利法》，只有国务卿、战争部长和司法部长能够依法授予专利权。因此时任美国国务卿的托马斯·杰佛逊是美国第一项专利的审查员，这项对"制造草木灰和珍珠灰（碳酸钾）的新装置与工艺"而做出改进的专利于1790年7月31日得到授权。碳酸钾是美国生产出的第一种工业化合物。除了这件专利之外，1790年全年只有另外两项专利得以授予。而到了2002年，美国专利商标局已经拥有3300名审查员，每周大约会完成3500件专利和2000件商标的授权工作。当代的伟大发明包括授予3Com公司的编号为US6000000的专利，它能够使我们在不同的计算机之间实现文件同步；还包括编号为US5965809的专利，采用这种方法我们可以通过直接测量用户的胸部来确定她的胸罩尺码。

玛伦·卢米斯博士因对无线电报技术的贡献而在1872年7月20日获得了最早的无线电技术专利（专利号：US129971）。卢米斯博士于1866年10月在弗吉尼亚州劳顿县证明了"暴风雨中两个相距14英里的风筝上电流计存在电位差"。1900年，马可尼关于无线电报技术的著名专利得到了授权，专利号为GB7777。马可尼的专利中包含了以下技术方案：

（1）采用空中或地面链路；

（2）对空中和地面的电路进行感性耦合；

（3）采用调谐线圈来获得所需的频率；

（4）采用地球上的电能作为电池。

1905年，在瑞士苏黎世专利局工作的爱因斯坦将在闲暇时间完成的三篇学术论文投给了美国《物理学年鉴》杂志。如今美国专利商标局的审查员们恐怕没这么多空闲时间，这些审查员通常要检索50万份文件，审查16万页文件，而且平均要在20小时之内完成一件专利申请的审查。

与拥有1093项专利的托马斯·爱迪生相比，比尔·盖茨仅拥有1项专利。有统计分析表明，一台笔记本电脑可能涉及多达5000项专利。这一数字还没有包括目前已经失效的、编号为US2524035专利"半导体放大器、采用半导电材料的三电极电路元件"（贝尔实验室发明的晶体管）。

知识链接：

亚伯拉罕·林肯的名言"THE PATENT SYSTEM ADDED THE FUEL OF INTEREST TO THE FIRE OF GENIUS"（专利制度是给天才之火浇上利益之油）被镌刻在美国商务部门口。

作为唯一身为专利发明人的美国总统（专利号 US6469，"用于浮船进入浅滩的装置"），亚伯拉罕·林肯认为"专利制度是给天才之火浇上利益之油"。50 年后，美国最高法院却发表了颇具讽刺性的观点："专利制度供养了一群投机主义者，他们会根据技术进步的浪潮进行投资，然后依靠专利垄断权向这个国家的整个产业收取重税。"又过了 100 年，当美国专利商标局快速完成海量专

知识链接：

蒂姆·伯纳斯·李 1955 年 6 月出生于英国伦敦，1976 年毕业于牛津大学物理系。他在欧洲核子研究中心（CERN）工作期间，尝试采用超文本技术把研究所内部的各个实验室连接起来。1989 年他成功开发出世界上第一个网络服务器和第一个客户机，用户可以通过超文本传输协议从一台网络服务器转到另一台网络服务器上检索信息。业内普遍认为，他发明的万维网起了决定性的作用。《时代》周刊将他列入本世纪最杰出的 100 位科学家之一。然而他并没有靠万维网谋得财富。

利审查时,我们仍在就是不是每个好创意都值得被赋予 20 年的法定垄断权问题而进行喋喋不休的争论。值得寻味的是,当代最具影响力的发明之一——万维网(World Wide Web,WWW)的发明人蒂姆·伯纳斯·李并没有为这项伟大技术寻求专利保护,反而一直试图维持其开放性和非专有性。

参考文献

[1] The patenting process was the central theme of the *Forbes ASAP*(Summer 2002) issue.

[2] The James Gleick article "Patently Absurd" (The New York Times Magazine, March 12, 2000) is available online at www. around. com (accessed January 5, 2016).

[3] The information about the first patent granted by the USPTO is available on many websites including http://inventors. about. com/od/weirdmuseums/ig/Inventive-Thinking/First-Patent-Grante. htm (accessed January 5, 2016).

[4] The information about the early history of radio patents is available at http://smart90.com/nbstubblefield (accessed January 5, 2016).

4.4 "超光速天线"专利——爱因斯坦已经不是专利审查员

热门电视剧《X 档案》中的虚构人物——美国联邦调查局福克斯·穆德探员专注于处理"非同一般"的案件。他办公室墙壁上贴着一张飞碟海报,海报下方印有"我要相信"四个字。阅读下面的"说明书",看看您是否会相信。

"所有已知发送射频信号的无线电传输手段都采用了已知的时间模型和空间维度。"

"本发明发现了一种能够作为射频信号传输媒质的新维度的存在。本发明的有益效果包括以超过光速的速度发送射频信号,在同等辐射功率下拓展射频发射机的有效作用距离,穿透已知的射频屏蔽装置,并能采用射频能量加速植物生长。"

"下面简要描述本发明的技术功效。本发明不是从已知的时空维度传输射频能量,而是将之置入一个新维度,从而使能量的传输速度超越光速。"

"以下是通信媒介转换器的工作原理:

首先需要产生一个超过 1000 华氏度的热表面,其次需要强磁场,然后需要

电视剧《X 档案》是美国福克斯电视台 1993 年推出的电视剧,涉及外星人试图绑架地球人并控制人类的故事。该剧获得了一系列金球奖和艾美奖。

加速器和电磁馈电点。为了通信或数据传输,需要两套装置,每套装置都与一台发射机和一台接收机相连接,这样电磁能量会进入以下新维度并以超过光速的速度传输。"

"磁场被聚焦至发热装置,电磁馈电点所在的平面为两个相对磁场所产生的平面。"

"发明人和见证人都观察到了本发明加速植物生长的有益效果。"

我猜想读者阅读上述说明书时可能会想起数学家理查德·柯朗的名言:"这不仅仅是疯狂,简直是超级疯狂。"美国专利商标局一定希望这些是真的,因为他们在 2000 年 2 月将一项名为"超光速天线"的专利授权给了 Aurora 公司的大卫·斯特罗姆,专利号为 US6025810。

专利局怎么会给这样一项听起来不可思议的专利授权?李·亨德森律师在《IEEE 天线与电波传播杂志》2000 年 6 月刊的专栏文章中提出了一种解释:"看来让少数类似专利漏网也许能确保一些开创性发明得到认可。很多伟大的发明最初都因挑战了现有理论而被忽略——历史上类似案例比比皆是。"

菲利普·罗斯在他为《福布斯》杂志撰写的《显然荒唐》一文中提出了不同的观点。他引用了专利专家格里高利·阿哈隆尼安的评论:"在机械领域工作了数十年的审查员对技术非常熟悉。化学领域拥有庞大的现有技术数据库。"

然而一旦涉及电子、软件等领域时，审查员希望能够得到爱因斯坦这类天才人物的支持——毕竟爱因斯坦当年在瑞士专利局工作过。但美国专利商标局每年处理的数量庞大的工作是非常惊人的，例如，福布斯杂志报道："美国专利商标局的3200位审查员在1999年共授权了161000件专利，平均每位审查员完成了50件……某位软件领域的审查员1999年全年授权了200件专利，这意味着他每周要完成4件。"

> **知识链接：**
>
> 2000年10月，美国专利商标局贝纳德·索乌致信本书作者拉杰夫·邦萨尔，分享了他对于超光速天线专利（专利号：US6025810）的看法："这项专利的审查员告诉我，尽管该专利的说明书介绍了一种'能够产生传播速度超过光速的射频信号'的方法，其权利要求中并未包含这些文字。后来审查员还告诉我，从法律层面来说这件专利可以被授予专利权。就我本人根据说明书和权利要求的理解，本发明能够产生积极的效果，例如可以产生射频信号，尽管其传播速度不可能超过光速。我们认为您的观点非常重要，因此我已经把您的文章和我的意见转发给了相关审查部门。"

如果爱因斯坦还在世，他一定会对近来的一个实验感兴趣——有科学家宣称在适当的条件下，实验结果表明光的传播速度超越了光速。NEC研究所的王博士将实验结果发表在了《自然》杂志，宣称在特殊制备的铯气室中，横向传播的光脉冲"速度似乎达到了正常光速的300倍。传播速度是如此之快，以至于在某些特殊条件下脉冲的主能量甚至在进入铯气室之前就已经退出了"（《纽约时报》）。但当用群速度和反向传输模式来分析试验结果时，大多数物理学家认为该实验并未能以超过光速的速度实现信息传输，因此基本物理原理并未被颠覆。

参考文献

[1] *Forbes* (May 29, 2000).

[2] *The New York Times* (May 30, 2000)

[3] The Courant quote is from a book review in the June 4, 2000 issue of the *Sunday NY* Times.

[4] The Mulder poster story appears in *Voodoo Science* by Robert L. Park (Oxford University Press, August 2000).

[5] https://patents.google.com/ (accessed April 27, 2016).

4.5 波音公司的"脏盒"伪基站——人们看到的不仅是一架飞机

在一次旅途中,当我清晨在机场的酒店里喝橙汁时,《华尔街时报》头版的一条新闻引起了我的关注。这并不是超人在纽约市空中巡逻的新闻,而是《华尔街时报》记者德夫林·巴雷特发布的一则爆炸性新闻——美国司法部多年来一直在利用安装在低空飞行的飞机上,被称为"脏盒"的设备收集普通民众的手机信息。英国的《卫报》和法国的《费加罗报》等国际媒体迅速跟进。维基百科上迅速出现了"脏盒"这个词汇的定义,还有其他网站对此也进行了"快读"。大家究竟在讨论什么?什么是"脏盒"?

根据《华尔街时报》的报道,美国法警局的这一项目始于2007年。法警局在多个大都会机场部署了塞斯纳飞机,从而"采用高科技手段抓捕疑犯",目前已经具备了覆盖美国大部分人口密集地区的能力。这些配备了"脏盒"设备的飞机能够"模仿Verizon等移动通信运营商的基站设备,从而诱骗手机自动向其发送注册信息"。"脏盒"是以波音公司子公司DRT公司(Digital Receiver Technology Inc, DRT Inc)的首字母命名的,每台的尺寸仅为2平方英尺(1平方英尺=0.0929平方米)。下面是网络上对"脏盒"工作原理的解析:

"移动电话会自动连接到最近的基站……飞机中的'脏盒'能够欺骗手机,让手机误以为'脏盒'就是最优的基站,然后'脏盒'会接收手机的识别信息,这样手机信号就接入了'脏盒'。伪基站进而会连接到真基站,并控制手机与移动通信网的连接状态(联通或阻断)。黑客们把这种手段称为'中间人攻击'。"

根据《华尔街时报》的报道,这一技术旨在打击逃犯和毒贩。但这一过程不可避免地会收集周围普通民众的手机信息。即使类似iPhone 6这种采用了加密手段的手机也不能阻止"脏盒"获取其注册信息。据称,这一装置能够判断哪些手机属于疑犯,并会过滤掉"清白"的手机。

美国联邦上诉法院在2014年裁定调查机构过度采集和存储用户数据是违

背宪法的。尽管美国司法部拒绝对这一项目发表评论,但司法部一位官员匿名对《卫报》发表了以下观点:

"讨论敏感的执法设备和技术可能会导致刑事被告、犯罪集团和外国势力有机会衡量我国在某一区域的能力和不足。联邦执法机构在部署此类设备和技术时会严格遵守联邦法律,必要时还会请求法院的许可。"

假使乔治·奥威尔能够看到这一切,他可能就不会为"老大哥"的所作所为而感到震惊了吧。

知识链接:

乔治·奥威尔(1903—1950)是英国著名的作家,代表作品包括《1984》和《动物庄园》。小说《1984》塑造了一个极权社会——大洋国,一群被民众称为"老大哥"的党内人士控制着民众。"老大哥"能透过显示屏监视着每一个人,到处都挂着"老大哥正在看着你"的横幅……人们的思想被固化。这部小说警醒世人提防这种预想中的黑暗成为现实,被誉为20世纪影响最为深远的文学经典之一。

参考文献

[1] D. Barrett, "Airplanes Secretly Track U. S. Cellphones," The Wall Street Journal, pp. A1 and A6, November 14, 2014.

[2] "Government Planes Mimic Cellphone Towers to Collect User Data-Report," The Guardian [Online]. Available:http://www.theguardian.com/world/2014/nov/14/government-planes-mimic-cellphone-towers-to-collect-user-data-report(accessed January 5, 2016).

[3] "Des avions espions ont fouille les telephones des Americains," Le Figaro [Online]. Available: http://www.lefigaro.fr/secteur/high-tech/2014/11/14/01007-20141114ARTFIG00170-des-avions-espions-ont-fouille-les-telephones-des-americains.php(accessed January 5, 2016).

[4] "Dirtbox," Wikipedia [Online]. Available:http://en.wikipedia.org/wiki/Dirtbox (accessed

January 5, 2016).

[5] "Dirtbox Devices: 5 Fast Facts You Need to Know" [Online]. Available: http://heavy.com/tech/2014/11/dirtbox-devices-spying-justice-department-boeing-fake-cell-tower/ (accessed January 5, 2016).

[6] Digital Receiver Technology, Inc. website [Online]. Available: http://www.drti.com/ (accessed January 5, 2016).

[7] To learn more about how cell phone networks are configured, see for example: http://www.mat.ucsb.edu/~g.legrady/academic/courses/03w200a/projects/wireless/cell_technology.htm (accessed January 5, 2016).

你知道吗?

小测验(四)

1. 伦敦地铁("tube")路线图常被印制在T恤、咖啡杯等物体上,成为一种时尚标志。近来日本设计师铃木尤里基于地铁原理图制作了一块印制电路板,并将元器件安装在关键位置上,使其成为一个能正常工作的_____。

(a) GPS 接收机

(b) 移动电话

(c) 收音机

(d) 以上皆不是

2. 作为搜救领域的一项潜在突破性技术,美国北卡罗来纳州立大学的研究人员成功地开发出了无线电子/生物接口系统,从而使他们可以在不同的方向上遥控_____。

(a) 老鼠

(b) 蚂蚁

(c) 蟑螂

(d) 以上皆不是

3. 如果美国明尼苏达大学的研究人员能够用纳米尺寸的____来替代计算设备中的硅晶体管,那么实现零待机功耗泄漏电流的梦想就有望成真。

(a) 发光二极管

(b) 微机电系统器件

(c) 磁体

(d) 以上皆不是

4. 纳米天线_____。

(a) 能将光转换为电能,反之亦然

(b) 能发射并接收纳波

(c) 是由超材料制成的天线

(d) 以上皆不是

5. 电力公司采用的住宅用智能电表能够_____。

(a) 发射无线电信号

(b) 接收无线电信号

(c) 发射并接收无线电信号

(d) 以上皆不是

6. 为了攻克人造器官这一科研"圣杯",波士顿的一群研究人员成功地开发出了一套由_____组成的电子传感器并将其"嵌入"到生物组织活体中。

(a) 硅场效应晶体管

(b) 光纤

(c) 微机电系统器件

(d) 以上皆不是

7. 科学家提出的平方公里阵列地基射电望远镜将探测大爆炸发生后早期的景象,从而解答人类关于宇宙的基本问题。这一科学装置将坐落在_____。

(a) 加利福尼亚

(b) 南非和澳大利亚

(c) 智利

(d) 以上皆不是

8. 肾脏去神经治疗过程中将采用_____能量降低血压以阻断肾脏神经。

(a) 光学

(b) 红外

(c) 射频

(d) 以上皆不是

9. 斯坦福大学文学实验室的创立者弗兰考·莫雷蒂提出的远距离阅读旨在_____。

(a) 通过汇总和分析大量的文献资料使大家理解文学作品

(b) 通过阅读原文来理解非西方文化

(c) 使所有的文学作品都在网络上轻易可得

(d) 以上皆不是

10. 能源收集论坛的目的在于_____。

(a) 支持种植玉米的农民因乙醇产量提高而获得补贴

(b) 聚焦于采用低功耗设备从环境中捕捉少量能源的技术

(c) 鼓励人类从化石能源转向替代能源

(d) 以上皆不是

答案：

1. (c) 收音机

来源：M. Prigg, "Sound of the Underground: Iconic London Tube Map Recreated as a Working Radio" [Online].

网址：http://www.dailymail.co.uk/sciencetech/article-2208390/Iconic-London-map-recreated-workingradio.html.

访问时间：2016 年 1 月 5 日。

2. (c)蟑螂

来源："Cockroaches Controlled by Remote Control：A Search-and-Rescue Break-through?"［Online］.

网址：http://theweek.com/article/index/233087/ockroaches-controlled-by-remote-control-a-search-and-rescuebreakthrough.

访问时间：2016 年 1 月 5 日。

3. (c)磁体

来源："Prof. Kim pushes the envelope for chip speed, efficiency, and reliability," Signals, ECE Department Newsletter, University of Minnesota, Fall 2012.

4. (a)将光转换为电能,反之亦然

来源："Survival of the Fittest Nanoantenna"［Online］.

网址：http://physics world.com/cws/article/news/2012/sep/28/survival-of-the-fittestnanoantenna.

访问时间：2016 年 1 月 5 日。

5. (c)发射并接收无线电信号

来源："How Smart Meters Work"［Online］.

网址：https://www.bge.com/smartenergy/smartgrid/smartmeters/Pages/How-Smart-Meters-Work.aspx.

访问时间：2016 年 1 月 5 日。

6. (a)硅场效应晶体管

来源："Living Tissue is Laced With Electronic Sensors"［Online］.

网址：http://physicsworld.com/cws/article/news/2012/aug/29/living-tissueis-laced-with-electronic-sensors.

访问时间：2016 年 1 月 5 日。

7. (b)南非和澳大利亚

来源:"Square Kilometre Array"[Online].

网址:http://www.skatelescope.org/.

访问时间:2016年1月5日。

8.(c)射频

来源:"Renal Denervation Achieves Significant and Sustained Blood Pressure Reduction, Study Suggests"[Online].

网址:http://www.sciencedaily.com/releases/2012/08/120827074032.htm.

访问时间:2016年1月5日。

9.(a)通过汇总和分析大量的文献资料使大家理解文学作品

来源:K. Schultz, "Distant Reading," The New York Times Book Review, p.14, Sunday, June 26, 2011.

10.(b)聚焦于采用低功耗设备从环境中捕捉少量能源的技术

来源:"Energy Harvesting Forum"[Online].

网址:http://www.energyharvesting.net/.

访问时间:2016年1月5日。

第 5 章
电磁场对健康的影响

"这很困难……就像中世纪的裁判所要求异教徒自证清白一样,这何其难哉!"

——让·德·凯瓦斯杜埃(1944—)

5.1 跟手机说"再见"(AU REVOIR)?

欧洲人天生是一切"高科技"的忠实粉丝,无论是令人艳羡的高速铁路网,还是"协和号"超声速飞机(现在已停产)。我 1994 年在英国学术休假期间,惊讶地发现手机在欧洲已经随处可见。尽管现在这在美国也已司空见惯,但当年的场景总让我觉得自己仿佛是一个刚到大都市的乡巴佬。回想在牛津的时候,一位年轻的邻居一边将手机贴在耳边打电话,一边走出公寓并锁好门,然后钻进一辆正在等候的出租车,所有这些丝毫不会耽误电话里的谈笑风生。因而,《泰晤士报》驻巴黎记者最近发表的一篇博客所描述的情况就显得迥然不同。

法国的大部分电力供应来自 59 个核反应堆,民众并不担心法国可能成为另一个切尔诺贝利,然而最近政府和民众对手机的辐射问题都表现出强烈不安。巴黎的一家大学图书馆因担心手机辐射会影响其顾客健康,曾一度取消了馆内的无线网络。有报道称,教育主管部门将会禁止小学生在学校使用手机,而电信运营商则只能给学生销售仅有短信功能的手机。

接下来法国关于限制电磁辐射暴露的舆论战将聚焦于手机信号塔。许多地方和全国性组织向法国政府和电信运营商投诉,要求他们拆除学校、医院和家庭周边的手机信号塔。有一个自称为"屋顶罗宾汉"的全国性组织(这个名字源自侠盗罗宾汉的双关语),在其网站发布了大量关于电磁辐射可能危害的"证据"。

这样的事件并不新鲜,也不仅仅出现在法国。但法国人在法律诉讼中取得了更大的成功。例如,由于当地居民对辐射健康的担忧,凡尔赛上诉法院要求法国电信运营商布依格(Bouygues)拆除里昂附近的一个信号塔。正如布莱姆纳的报道:"法官认为即便没有证据表明手机信号塔存在威胁,但他们也表示无法保证完全没有风险。因此法院支持了居民'焦虑感'的正当性。"

还有一个案例,由于最近在家附近安装了手机信号塔,居民控诉这导致嘴中有金属的味道甚至流鼻血。有人将公寓窗户盖上铝箔或其他"防护过滤膜",以抵御信号塔辐射的不良影响。而法国电信运营商 Orange 无奈地回应说信号塔的电子设备还没有安装,实际上信号塔尚未投入使用。

在接受《星期日报》的采访时,前法国国立医院主任让·德·凯瓦斯杜埃指出这种寻求没有任何风险的尝试是徒劳的,"这很困难……就像中世纪的裁判所要求异教徒自证清白一样,这何其难哉!"

参考文献

[1] C. Bremner's blog for the *Times* (London) is available (subscription) at: http://www.thetimes.co.uk/tto/public/profile/Charles-Bremner (accessed August 27, 2015).

[2] The Wi-Fi ban at the Paris-III university was reported by *Le Monde* in its May 13, 2009 edition.

[3] A television report on cell phone ban in French schools was broadcast by WKYC.

[4] The website of the French advocacy group "Robin-des-Toits" is at: http://www.robindestoits.org/ (accessed August 27, 2015).

[5] A report on complaints about an "inactive" cell phone tower is located at: http://www.bestofmicro.com/actualite/26785-antenne-relais.html (accessed August 27, 2015).

[6] Current research results on the safety of cell phones are posted on the website of the US Food and Drug Administration (FDA): http://www.fda.gov/Radiation-EmittingProducts/RadiationEmittingProductsandProcedures/HomeBusinessandEntertainment/CellPhones/ucm116335.htm(accessed April 30, 2016).

[7] Concerns about the putative health hazards of wireless networks in public spaces continue to pop up in European towns. For example, here is a 2016 story about Wi-Fi in schools in the small town of Borgofranco d'Ivrea in the Piedmont region of Italy: http://www.thelocal.it/20160108/italy-town-turns-off-school-wifi-over-health-concerns (accessed April 30, 2016).

小测验

_____会产生微波辐射。

(a) 太阳

(b) 人体

(c) 警用雷达

(d) 以上皆是

答案：(d) 以上皆是

晴天太阳的辐射功率密度为 100 毫瓦/厘米^2。而在微波（2~100 吉赫）频段，这比 IEEE C95.1-2005 标准目前规定的 1 毫瓦/厘米^2 安全限值低大约 80 分贝。警用雷达的典型辐射功率密度为 1 微瓦/厘米^2。而人体辐射的微波功率密度约为 0.3 毫瓦/厘米^2，远小于黑体辐射的微波功率密度。

5.2 电磁过敏症

多年来我一直担任 IEEE 人类与辐射委员会（COMAR）的委员。简要介绍该委员会的运作方式：COMAR 会严格审查和阐释有关生物效应的文献。其研究成果通常以技术信息声明（TIS）的形式发布。在正式向公众发布之前，这些报告都会经过委员会成员的彻底审查，并在达成共识后予以批准。这些报告通常会发表在 IEEE EMBS（医学和生物学工程学会）杂志上，同时发布在 COMAR 网站上。需要强调的是，COMAR 并不制定安全标准，但会积极参与相关标准的活动。

COMAR 曾批准了一项关于电磁过敏症的技术信息声明报告。报告已经以印刷品和网络发布两种形式向大众发布,其要点如下:

什么是电磁过敏症(electromagnetic hypersensitivity,EHS)?

有人会将身体出现的各种健康症状归结为电场和磁场的辐射,这些电磁场来源于消费电子产品(如电视、计算机)、家用电器和手机。据报道,这种对电磁场的敏感感知通常发生在已知电磁场强度远低于各种国际标准中定义的安全阈值的情况。有时候这种体验可能会严重影响个人的工作,甚至有人因此辞去工作,甚至彻底改变个人生活方式(例如为屏蔽电磁场影响而睡在金属毯子下)。瑞典电敏感协会(the Swedish Association for the ElectroSensitive, FEB)为此提供支持和倡导。

电磁过敏症的主要健康症状是什么?

根据 1997 年提交给欧盟委员会的一份报告(英文摘要见参考文献[5]),电磁过敏症的常见症状包括:

(1) 神经系统症状,如疲劳、压力、睡眠问题;

(2) 皮肤症状,包括各种知觉问题和皮疹;

(3) 各种疼痛。

瑞典对这种病症的发病率进行了一些调查,根据使用统计方法的不同,该病症发病率与总人口百分比的估值从百万分之几(太低?)到十分之几(太高?)不等。瑞典、德国和丹麦的 EHS 患病率高于法国、英国和奥地利。

EHS 激发试验揭示了什么?

在激发试验中,患电磁过敏症的个体在受控实验室环境下暴露于电场和磁场中,以探索电磁场与所表现出来的症状之间的联系。总的来说,迄今为止的实验室研究并未证明实际的电磁场暴露与出现的 EHS 症状有关联。电磁过敏症人群并未表现出比一般人群更容易感知电磁场的存在。

是否有其他类似 EHS 的疾病?

研究人员将 EHS 与多发性化学过敏症(MCS)进行比较。这两种过敏症都可能有多种起因,化学物质或电磁场的暴露剂量远低于通常可接受的不良反应阈值,激发试验未能证明电磁场暴露和相关症状存在关联,并且人们仍然对此知之甚少。研究人员还注意到 EHS 与所谓"微波疾病"之间的相似性。这种疾病在 20 世纪 70 年代的俄罗斯和东欧文献中作为病例有过报道(但未给出确凿的流行病学数据)。

如何帮助 EHS 患者?

需要强调的是,对于受 EHS 困扰的人来说,这确实是一个真实存在的问题。帮助 EHS 患者较为推荐的作法是关注患者的具体症状,并检查和缓解潜在的环境/职业因素(如照明、空气质量、人体工程学问题)。这需要医生、卫生官员,必要时还需要心理医生一起合作完成。还应向患者提供电磁场安全相关的科学知识。

参考文献

[1] COMAR website [Online]. Available:http://ewh.ieee.org/soc/embs/comar/ (accessed August 27, 2015).

[2] M. C. Ziskin, "Electromagnetic hypersensitivity-A COMAR technical information statement," *IEEE Engineering in Medicine and Biology Magazine*, vol. 21, no. 5, pp. 173-175, September/October 2002.

[3] Published in the "To Your Health" column in the Austin Chronicle, January 10, 2003.

[4] FEB website [Online]. Available:http://www.feb.se/FEB/index.html (accessed August 27, 2015).

[5] U. Bergqvist and E. Vogel (eds.). "Possible health implications of subjective symptoms and electromagnetic fields." A report prepared by a European group of experts for the European Commission, DGV. Arbete och H¨alsa, 1997:19. Swedish National Institute for Working Life, Stockholm, Sweden. ISBN 91-7045-438-8. (In Swedish).

5.3 从钟楼到手机信号塔

当开车行驶在美国新英格兰乡村的道路上,就会注意到在连绵起伏的绿色田野中不时出现白色的教堂尖塔。我们都知道,这些尖塔通常是教堂的钟楼,但在电信运营商眼中,这些尖塔则另有他用,如在里面安装基站。前段时间我收到了当地一家幼儿园董事会主席的邮件。这所幼儿园租用了一所教堂的一些房间,而该教堂正在考虑将尖塔部分出租给电信运营商。由于一些家长对拟建基站的射频/微波辐射表示担忧,校长通过我的同事了解到我对微波辐射的生物效应有些研究,因此邀请我参加学校的董事会会议。

我在为这次会议做准备的时候,查阅了一些资料,并在网络上浏览了与基站辐射安全相关的新闻报道。许多读者可能由于个人或专业原因对这个主题感兴趣,因此我准备的发言稿包括如下要点(适合不懂技术的读者),并附有资料来源的链接。

基站

基站实际上是一个低功率无线电台(通常工作在 800~1000 兆赫或 1850~1990 兆赫频率范围内),并在一个称为"蜂窝"的小地域范围内为客户提供服务。电信运营商在确定基站的位置时主要考虑两点因素:一是在整个服务区域内要能提供足够的信号覆盖;二是要能够提供足够的通信容量(空闲信道)以满足不断增长的客户群体。随着系统的发展,可能需要缩小蜂窝的大小来增加容量,同时也要降低辐射功率电平从而避免相邻蜂窝之间的干扰。

天线

有些基站可能采用杆状的"全向"天线(在水平面均匀覆盖),还有些基站使用三组"扇区"天线(分别覆盖 120 度范围),一般是矩形平板天线(尺寸大约 1 英尺×4 英尺)。

辐射功率

美国联邦通信委员会(FCC)要求单个信道的有效辐射功率(ERP)不得超过 500 瓦。蜂窝基站在每个扇区通常可以使用 21 个信道进行传输。然而,一般不会出现所有信道的发射机都同时处于工作的状态。

地平面辐射

在地平面上,由于天线的主波束指向水平面方向,信号塔附近区域辐射的功率密度相对较低。一般来说,地面信号强度在离信号塔 50~200 米处最大,超出这个范围信号会随着距离的增大而减弱。

暴露限值

在地面上的任何地方,信号强度都必须低于 FCC 制定的法规要求,同时也要满足主要国际组织认可的标准。典型的暴露剂量低于这些限值的 1/100 甚至更多。此外,在屋顶安装基站天线的建筑物内,必须确保屋内人员暴露的风险非常低。正如肯·福斯特教授在宾夕法尼亚州分区委员会听证会上的证词所指出的,人们应该只有在离信号塔尖的天线非常近的地方才有可能面临辐射超出限值的风险。

法规标准的科学依据

法规标准必须是在审慎而且取得广泛共识的情况下制定的,"确定最低暴露剂量的依据是需要有确凿证据证明能对人体健康存在且可复现的不良反应"。暴露指南要求具有较大的(10~50 倍)安全系数,以确保暴露远低于危害剂量。时任纽约市健康和心理卫生部环境疾病预防局助理局长的杰西卡·莱顿博士在市议会关于"纽约市手机天线和屋顶基站的安装"的证词对此做了很好的总结。

"当前流行病学和临床证据尚未发现无线电频率与不良健康影响(如癌症、生殖系统疾病、神经系统疾病及其他疾病)之间存在关联。手机无线电频率对细胞和动物的主要影响来自生物组织的热效应。目前的 FCC 法规旨在通过限制单个和成组安装天线的功率来避免不良影响。"

法律地位

根据 1996 年美国《电信法》第 704 款规定:"个人无线服务设施需要满足委员会关于发射的法规要求,任何州或地方政府或其附属机构都无权干涉其部署、建设和改造。"

参考文献

[1] "Safety Issues Associated With Base Stations Used for personal Wire Communications," Technical Information Statement (TIS) prepared by COMAR, September 2000. Available:http://www.ewh.ieee.org/soc/embs/comar/base.htm(accessed August 27, 2015).

[2] The communication "Are Cellular and PCS Towers and Antennas Safe," August 10, 2001,

was prepared by the University of California, Irvine.

[3] "Cell Phones," available at the FDA website at http://www.fda.gov/radiation-emittingproducts/radiationemittingproductsandprocedures/homebusinessandentertainment/cellphones/default.htm(accessed April 30, 2016).

[4] Professor Ken Foster provided testimony before a zoning board hearing in Pennsylvania.

[5] Dr. Jessica Leighton provided testimony on April 30, 2004 before the City Council on the subject of "Installation of Cell Phone Antennas and Base Stations on Rooftops throughout New York City."

[6] To learn more about how cell phone networks are configured, see for example: http://www.mat.ucsb.edu/~g.legrady/academic/courses/03w200a/projects/wireless/cell_technology.htm (accessed April 30, 2016).

[7] W. H. Hayt and J. A. Buck, *Engineering Electromagnetics*, 8th ed., McGraw-Hill, New York, 2012. The basics of radiation and antennas are presented in Chapter 14.

[8] F. T. Ulaby and U. Ravaioli, *Fundamentals of Applied Electromagnetics*, 7th ed., Prentice Hall, Upper Saddle River, NJ, 2015. The basics of radiation and antennas are presented in Chapter 9.

5.4 反安慰剂效应

参考文献[1]中提到一个发生在法国的有趣案例：

"由于最近在住宅附近安装了手机信号塔,有居民控诉这导致嘴中有金属的味道甚至流鼻血。有人将公寓窗户盖上铝箔或其他'防护过滤膜',以抵御信号塔辐射的不良影响。而运营商法国电信公司无奈回应说信号塔的电子设备还没有安装,实际上信号塔尚未投入使用。"

最近,林教授谈到了电磁场过敏反应的案例：

"电磁过敏症(EHS)包括头痛和疲劳等神经系统症状,脸部过敏和皮疹等皮肤症状,以及其他非特异性健康相关症状。据报道,EHS最有名的案例之一是挪威前首相格罗·哈莱姆·布伦特兰的过敏症。在1998年至2003年担任世界卫生组织(WHO)总干事的10多年间,她从来没有公开承认自己患有电磁过敏症。然而在结束任期后,据WHO前高级助理、现任挪威卫生部长乔纳斯·

加尔·斯特雷说,她在回应一篇提到她现在使用手机的报纸文章时,对记者说,'我很少使用手机'。"

林教授接着说:"据已报告的证据表明,虽然过敏现象可能是真实的,但关于这些症状是否与手机使用有关,或者怎样在受控实验室条件下更好地研究EHS,这些问题仍然有争议。"

最近,我收到了COMAR(IEEE/EMBS下属的一个委员会,我是该委员会的成员)主席里克·泰尔寄来的一篇论文。迈克尔·维特霍夫特和G.鲁宾在论文中提出了一个颇具争议的观点:"媒体关于现代生活对健康的不良反应的警告是一种自我应验?"他们继而对电磁过敏进行实验性研究,为此作者使用电磁场特发性环境不耐受(IEI-EMF)一词。在这项研究中,147位参与者被随机分配为两组,76人观看关于Wi-Fi不良反应的电视报道,其余71人观看对照影片。看完影片后,参与者在Wi-Fi信号下虚假暴露15分钟。主要效果的衡量标准是在虚假暴露后的症状报告,其次包括担心电磁场影响健康,并将症状归因于虚假暴露,而且加剧对电磁场的敏感性。作者发现,看过有关Wi-Fi对健康造成不良反应的电视报道会加剧下列状况:对电磁场的忧虑,在已有高度焦虑的参与者中出现虚假暴露症状,高度焦虑者归因于虚假暴露的可能性,以及将症状归因于虚假暴露的人相信自己对电磁场过敏的可能性。这就是所谓的反安慰剂效应在起作用。

反安慰剂(在拉丁语中意为"我会受伤害")是安慰剂("我会好起来")的相反形式。在安慰剂反应中,假的药物或治疗会因患者的期望而产生有益的健康效果。例如,当患者认为糖丸是抗抑郁药时,糖丸可以大大地改善抑郁症。但是,研究人员也发现会出现相反的现象:消极的期望则可能让情况变得更糟。

维特霍夫特和鲁宾总结道:"媒体关于所谓有害物质不良反应的报道可能会增加下列症状的可能性,在虚假暴露后出现症状,并对其产生明显敏感性。"他们建议"加强科学家和记者间的合作来应对这些负面影响"。

参考文献

[1] R. Bansal, "AP-S turnstile: say au revoir to cell phones," *IEEE Antennas and Propagation Magazine*, vol. 51, no. 3, p. 152, June 2009.

[2] J. Lin, "Telecommunication health and safety: the case of hypersensitivity to electromagnetic fields," *IEEE Antennas and Propagation Magazine*, vol. 55, no. 4, pp. 258-260, August 2013.

[3] COMAR website [Online]. Available:http://ewh.ieee.org/soc/embs/comar/(accessed January 6, 2016).

[4] M. Witthoeft and G. Rubin, "Are media warnings about the adverse health effects of modern life self-fulfilling? An experimental study on idiopathic environmental intolerance attributed toelectromagnetic fields (IEI-EMF)," *Journal of Psychosomatic Research*, vol. 74, no. 3, pp. 206-212, March 2013.

[5] M. Scedallari. "Worried Sick," *The Scientist* [Online]. Available: http://www.the-scientist.com/?articles.view/articleNo/36126/title/Worried-Sick/ (accessed August 23, 2016).

5.5 磁力牵引——是生物效应还是医疗应用

IMS2005 小测验(IEEE 微波杂志)上的有一个关于磁共振成像(MRI)设备中磁场应用的问题,问题是磁共振成像设备使用了____。

(a) 高强度静磁场

(b) 千赫频段的时变磁场

(c) 兆赫频段的射频场

(d) 以上皆是

正确答案是(d) 以上皆是。这里强调一个事实,磁共振成像设备使用了三种类型的磁场来完成医疗诊断中的三维成像。因此,在安全方面需要评估以上三类磁场对患者和医务人员的电磁场暴露情况。对于开放式 MRI 系统来说这是一个更大的问题,为方便医务人员根据 MRI 图像对患者进行手术,磁体仅部分包裹住患者。

三类 MRI 磁场中最强的一类是静磁场。一般认为这些强静磁场对患者和现场人员是安全的(目前的 IEEE 暴露标准甚至没有规定暴露在静态磁场的限值)。然而,正如《纽约时报》的报道,如果生产厂商不采取相应的预防措施,这种强磁场可能会造成严重的意外伤害。强磁体可能会将操作人员手中的铁磁类物体(如左轮手枪、轮椅和乙烯罐)吸入扫描仪。莫里尔·尼斯·艾弗博士创建了一个网站来讲授 MRI 安全的知识,网站展示了不少稀奇古怪的东西飞入并卡在 MRI 设备里的照片。美国食品和药品管理局也展示了一些 MRI 事故的记录,但这些主要来自 MRI 设备制造商提交的报告,只包括一些导致设备损坏的事故。然而,美国食品和药品管理局关于 MRI 安全的网站提到一名 6 岁男孩致死的案例,他在接受核磁共振成像扫描时被 MRI 扫描仪强磁场吸入的氧气罐致死。幸运的是,目前大多数现代手术植入器官和装置(钉子、夹子、人工关节、心脏起搏器等)都是由钛或不锈钢等非铁磁材料制成的,但是一些老式的体内植入金属夹或心脏起搏器的患者仍可能发生事故。

目前,针对 MRI 安全问题已经建立了完善的标准体系。例如,FDA 网站列出了以下标准:

(1) ASTM F2052-00《测量磁共振环境中无源植入物磁感应位移力的标准试验方法》

(2) ASTM F2119-01《评估无源植入物磁共振图像制品的标准试验方法》

(3) IEC 601-2-33《医用电气设备 第 2 部分:医学诊断用磁共振设备的安全性特殊要求》

大多数事故都是由人为失误造成的。虽然 FDA 批准可将 MRI 扫描仪作为医用设备,但没办法监管用户如何操作机器。扫描仪制造商可以建议更安全的检测室设计,例如带锁的门,提供安全培训和建议,但他们不能强迫用户接受。随着扫描仪数量在美国成倍增加到超过 10000 台,而磁力也变得更强,人为疏忽造成事故的风险也在增加。虽然新一代探测器已经可以屏蔽铁磁材料,但认真细致的安全培训对于避免事故仍然至关重要。

参考文献

[1] D. McNeil, Jr., "M. R. I.'s Strong Magnets Cited in Accidents," *The New York Times*, August 19, 2005.

[2] http://www.simplyphysics.com/flying_objects.html (accessed April 30, 2016).

[3] Current US FDA website on MRI [Online]. Available: http://www.fda.gov/Radiation-EmittingProducts/RadiationEmittingProductsandProcedures/MedicalImaging/MRI/default.htm (accessed April 30, 2016).

[4] To learn more about the operation of an MRI machine, see for example：http://science.howstuff works.com/mri.htm（accessed April 30, 2016）.

[5] The COMAR technical information statement (TIS) on the exposure of medical personnel from open MRI systems is available through the COMAR website：http://ewh.ieee.org/soc/embs/comar/（accessed April 30, 2016）.

[6] W.H. Hayt and J.A. Buck, *Engineering Electromagnetics*, 8th ed., McGraw-Hill, New York, 2012. Magnetic forces are discussed in Chapter 8.

[7] F.T. Ulaby and U. Ravaioli, *Fundamentals of Applied Electromagnetics*, 7th ed., Prentice Hall, Upper Saddle River, NJ, 2015. Magnetic forces are discussed in Chapter 5.

小测验

_____产生的磁场最强。

（a）MRI 设备

（b）地球

（c）街边 13 千伏配电线

（d）发电站的 735 千伏输电线路

答案：(a) MRI 设备

MRI 设备诊断时使用了非常强的静磁场，一般超过 10000 高斯。在其余选项中，地球在空气中的静态（直流）磁通密度（大约 0.5 高斯）大约是典型的 60 赫配电线路的交流磁通密度的 200 倍。由于磁场随线路上电流而变化，因此 13 千伏配电线路（在某些情况下）可能会产生比 735 千伏输电线路更大的磁场。

5.6 与其他类型辐射的密切接触

从一个小测验开始：

2001 年夏，大陆航空公司将许多纽约飞往香港的航班从极地航线改道至加拿大的低纬度地区，其目的是_____。

（a）避免季节性逆风

（b）确保良好的无线电通信

（c）减少潜在的辐射暴露

（d）以上皆是

如果选择了(a)、(b)或(c),那只答对了一部分;而如果选择了(d),就答对了。正如《纽约时报》的报道指出,太阳会在"风暴"季节发射质子爆发(太阳耀斑),这会使在地球大气层上方高空飞行的人暴露于电离辐射,而微波辐射属于非电离辐射。《泰晤士报》进而补充说:"到目前为止尚没有证据表明这种暴露是有危险的。事实上,耀斑导致的无线电通信中断对乘客造成的威胁更大。"

虽然伴随太阳耀斑爆发的电离辐射很少发生,但飞行常客则经常暴露在银河宇宙辐射之下。通常认为这种银河宇宙辐射的主要辐射源是爆炸的恒星(超新星)。在飞机的飞行高度,银河宇宙辐射主要由中子、质子、电子、X射线和伽马射线组成。由于这种"背景"辐射的存在,欧洲官方机构和美国联邦航空管理局(FAA)将机组人员认定为辐射工种。包括英国航空公司在内的一些航空公司会将怀孕的女性机组人员调往地面工作。美国联邦航空管理局航空医学办公室放射生物科建议:"关于女性怀孕期间的职业辐射暴露,怀孕的机组人员与管理者应共同努力以确保孕体的辐射暴露不超过建议的限值。"该办公室还提供在线计算器CARI-6,用于计算飞行在两个机场之间近似大圆航线(最短距离)的机组人员受到银河宇宙辐射的有效剂量。棘手的是,一般认为在受孕后最初几周的人类胚胎对辐射暴露最为脆弱,但这个时候的女性可能尚不知晓自己是否怀孕。

美国联邦航空管理局使用剂量—效应关系来评估飞行员因辐射引起的健康风险,因为这是致力于人类辐射影响评估的国内和国际组织推荐使用的方法。然而,美国联邦航空管理局承认:"评估中存在太多的不确定性,这是因为大多个体研究数据来自较高剂量和剂量率的辐射暴露研究,而通常机组人员暴露在银河宇宙辐射下的能量要低得多。"

有趣的是电离辐射剂量-效应关系的不确定性不仅适用于银河宇宙辐射,还适用于来自土壤、食物和水中的氡或其他天然放射性物质。美国审计总署在去年一份关于电离辐射标准的报告中表示:"尽管已经开展了数十年的研究,由美国环保局(EPA)和美国核管理委员会(NRC)制定的低剂量辐射暴露公众保护标准尚未获得确凿的科学依据。"由于几乎三分之一的人类总会在生命的某个阶段罹患癌症,难点在于找到低剂量辐射会导致过高癌症率(也就是本来不该出现的病例)

的证据。一个线性剂量-效应关系模型被广泛用于估计辐射风险,但一些科学家认为低于某个阈值的辐射不会对健康造成危害。甚至有些人认为低辐射剂量实际上可能是有益的,因为它们可以激活人体对抗癌症的免疫机制。

由于"对(电离)辐射有害影响的研究可能比对环境中任何其他有毒或有害物质的研究更多",低剂量电离辐射对健康影响的不确定性似乎更令人费解。然而,这有助于正确看待这种风险评估的固有困难,特别是现在能更容易理解美国审计总署对手机非电离辐射安全性做出的如下审慎评估:

"美国食品和药品管理局、世界卫生组织和其他主要卫生机构的共识是,迄今为止的研究尚未发现手机辐射的射频能量对健康有害,但也没有足够的证据证明它们不会构成任何风险。"

参考文献

[1] M. Wald, "The Frequent Flier and Radiation Risk," *The New York Times*, June 12, 2001.

[2] The FAA Office of Aerospace Medicine: Radiobiology Research Team website [Online]. Available: http://www.faa.gov/data_research/research/med_humanfacs/aeromedical/radiobiology/ (accessed April 30, 2016).

[3] Galactic Radiation Received in Flight: Calculator. Available: http://jag.cami.jccbi.gov./cariprofile.asp (accessed April 30, 2016).

[4] G. Kolata, "For Radiation, How Much Is Too Much," The New York Times, November 27, 2001.

[5] The GAO report GAO-01-545 (05/07/2001) on mobile phone safety is available at: http://www.gao.gov/products/GAO-01-545 (accessed April 30, 2016).

小测验

1. _____会产生电离辐射。

(a) 微波炉

(b) 电视发射塔

(c) 变电站变压器

(d) 以上都不是

答案:(d) 以上都不是

改变世界的电磁波

电磁频谱大致可分为电离(紫外线和包括X射线和伽马射线在内的更高频率)和非电离(可见光和包括红外、微波和工频在内的更低频率)两大类。这种划分是因为波长为 λ(或对应的频率 $f=c/\lambda$)的电磁能与特定的光子能量相关,其方程为

$$E(电子伏)=1.24\times10^{-6}/\lambda(米)$$

如果光子能量超过约10电子伏(对应波长为0.124微米,属于紫外区域),光子可以电离材料,也就是打破分子键。特别是涉及组织细胞核中携带遗传信息的DNA分子时,这种电离能导致严重不可逆转的损害。

相对而言,1吉赫光子产生的能量只是组织分子热能的一小部分(1/6000),这使得它连最弱的键都不能打断。

你知道吗?

小测验(五)

1."身边的电磁波"是_____。

(a) 一个流行的卫星广播节目

(b) 一张舒缓睡眠的音乐 CD

(c) 一部关于无线技术存在可能危害的纪录片

(d) 以上都不是

2. 根据英国研究信息网、皇家天文学会和物理研究所最近发表的一份报告,使用谷歌学术(检索新的研究成果)的用户中_____。

(a) 纳米科学家和天体物理学家人数大致相等

(b) 天体物理学家比纳米科学家多得多

(c) 纳米科学家比天体物理学家多得多

(d) 以上都不是

3. 现代"蜂窝通信"就是将通信区域划分成以天线为中心的六边形蜂窝的概念,这是由贝尔实验室的林格(Douglas H. Ring)和杨(W. Rae Young)在_____提出的。

（a）1967 年

（b）1957 年

（c）1947 年

（d）以上都不是

4. 有源电扫描阵列（AESA）可以当作一部雷达在较大范围内发射电磁波。只需碰一下按钮，就可以集中能量用于_____。

（a）击落来袭导弹或飞机

（b）高精度跟踪多个弹头

（c）引爆地雷

（d）以上都不是

5. 根据美国马里兰大学伊戈尔·斯莫利亚尼诺夫教授的理论研究，极高频磁场（认为是原始宇宙）会使真空表现为_____。

（a）导体

（b）半导体

（c）超材料

（d）以上都不是

6. 通过项链无线触发的电水晶鞋能够_____。

（a）释放 10 万伏的电流来化解他人的攻击

（b）激活微型电机以使佩戴者免受伤害

（c）在佩戴者周围产生保护性电场"罩泡"

（d）以上都不是

7. SkyTran 是美国航空航天局主导的一个实验项目，其目标是_____。

（a）用于个人交通的火箭

（b）低成本、高速、磁悬浮个人交通工具

（c）替代现已退役的航天飞机

（d）以上都不是

8. 混沌雷达使用"混沌振荡器"产生的信号来_____。

（a）通过电子干扰迷惑来袭导弹

（b）混淆警察雷达部队

(c) 透视墙壁

(d) 以上都不是

9. Tau 日是每年的 6 月 28 日,旨在呼吁使用更有用的常数 tau 来替代数学常数 π。它等于_____。

(a) 2π

(b) 4π

(c) 1/(4π)

(d) 以上都不是

10. Li-Fi 技术使用了_____。

(a) 用于为自动无线传感器网络供电的锂离子电池

(b) 用于无线通信的快速光脉冲

(c) 融合 Wi-Fi 和光纤技术以实现超高带宽

(d) 以上都不是

答案

1. (c) 一部关于无线技术存在可能危害的纪录片

来源:"Surrounded by waves"[Online].

网址:http://icarusfilms.com/new2010/wav.html.

访问时间:2016 年 4 月 30 日。

2. (c) 纳米科学家比天体物理学家多得多

来源:M. Durrani. "Online tools are 'distraction' for science"[Online].

网址:http://physicsworld.com/cws/article/news/48446.

访问时间:2016 年 4 月 30 日。

3. (c) 1947 年

来源:J. Browne, "Bracing for the cellular explosion," *Microwaves & RF*, p. 56, August 2011.

4. (a) 击落来袭导弹或飞机

来源:"Frying Tonight," *The Economist*, p. 89, October 15, 2011.

5. (c) 超材料

来源：T. Wogan, "Was a Metamaterial Lurking in the Primordial Universe?" [Online].

网址：http://physicsworld.com/cws/article/news/48238.

访问时间：2016 年 4 月 30 日。

6. (a)释放 10 万伏的电流来化解他人的攻击

来源：D. Vye, R. Mumford, and P. Hindle, "The spy who loved microwaves," *Microwave Journal*, pp. 22–34, October 2011.

7. (b)低成本、高速、磁悬浮个人交通工具

来源：SkyTran [Online].

网址：http://www.skytran.us/.

访问时间：2016 年 4 月 30 日。

8. (c)透视墙壁

来源：D. Hambling, "Chaos Radar Uses Messy Signal to See Through Walls" [Online].

网址：http://www.newscientist.com/article/mg21128225.200-chaos-radar-uses-messy-signals-to-see-through-walls.html.

访问时间：2016 年 4 月 30 日。

9. (a)2π

来源：J. Palmer, "'Tau Day' Marked by Opponents of Maths Constant Pi" [Online].

网址：http://www.bbc.co.uk/news/science-environment-13906169.

访问时间：2016 年 4 月 30 日。

10. (b)用于无线通信的快速光脉冲

来源：J. Condliffe, "Will Li-Fi Be the New Wi-Fi?" [Online].

网址：https://www.newscientist.com/article/mg21128225-400-will-li-fi-be-the-new-wi-fi/.

访问时间：2016 年 4 月 30 日。

第 6 章
生物医学应用

"生物学经历了一波又一波的革命浪潮,在这之后一切都变得不同了。当下就是生物学的变革时刻。"

——埃里克·戴维森(1937—2015)

6.1 多少位生物学家才能修好一台收音机

我作为 IEEE 生物效应与医学应用技术协调委员会的成员,一直关注着生物学领域的最新发展。2003 年是发现 DNA 双螺旋结构的 50 周年。克里克和沃森的这一伟大发现推动了分子生物学领域的惊人进步,尤其是近年来人类基因测序工作中的进展。托马斯·库恩在 1962 年出版的《科学革命的结构》(*The Structure of Scientific Revolutions*)一书中指出,某些历史原因导致大部分科学都是在既定的框架("范式")中发展。克里克和沃森的发现将还原论范式运用于生物学中,而其后科学进展的衡量标准成为"每次尽可能描述一件最小的事物,如一段 DNA、一个 RNA、一种蛋白质"。

生物学的未来如何?2003 年美国《时代》杂志的一篇封面报道指出:"DNA 密码的破解已经改变了我们生活、康复、饮食和想象未来的方式。"但并不是所

知识链接：

弗朗西斯·克里克（Francis Crick）和詹姆斯·沃森（James Watson）因发现了 DNA 双螺旋结果而与莫里斯·威尔金斯（Maurice Wilkins）共享了 1962 年诺贝尔生理学医学奖。

知识链接：

《科学革命的结构》是美国科学哲学家托马斯·库恩创作的科学哲学著作，首次出版于 1962 年。作者从科学史的视角探讨常规科学和科学革命的本质，其中的"范式""不可通约"等学说也为一般的哲学研究提供了启发。

有的生物学家都对 21 世纪流行的还原论范式持乐观态度，如分子生物学家尤里·拉兹尼克在投给《癌细胞》杂志的文章中就表达了不同意见。他探讨了目前生物学因采用还原论方法而存在的固有陷阱，并将其应用于修理故障晶体管收音机这样一个适度复杂而又容易理解的系统。

拉兹尼克在案例中假定了一个前提,生物学家由于对物理学知识的储备不足而将收音机视为一个能播放音乐的黑匣子。为了对这一复杂产品进行故障诊断,他们将申请经费购买大量同款收音机。在对各种部件进行分类之后,会选择可能发生故障的部件进行分析,识别出最关键部件(外部调频天线和收音机的连接)、真正关键部件(内部调幅天线和收音机的连接)乃至于无疑最关键部件(调幅/调频开关)。拉兹尼克思考道:

"生物学家们修好这台收音机的概率有多大?我可能过于悲观了,但我突然想起一个典型范例——从理论上讲,猴子能够在打字机上敲出一首彭斯的诗。"

我必须提一下,已故物理学家理查德·费曼在回忆录中说,他曾花了一年时间试图掌握生物学家的实验方法学,但最终失败了。我记得费曼提到他的生物学家同事做科学的方式完全不同,以至于他没有足够的动力去掌握。

拉兹尼克承认他在收音机这个比方中对纯实验方法的局限性有所夸大,但坚持认为将有益于定量分析(想想电路原理图或电路分析)的形式语言应用到实验生物学是未来的必由之路。在这个问题上拉兹尼克并非形只影单,因为很多著名生物学家认为新兴的系统生物学正是一种范式转变。美国系统生物学研究所的网站上有这样的描述:

"系统生物学取决于三个驱动力量——能够对大量数据进行传输、分析和建模的互联网,人类基因组计划,以及跨领域科学。系统生物学并非一次针对一个基因或一种蛋白质,而是要分析系统中的所有元素。这种系统方法需要集成生物学、医学、计算科学和技术。"

已故美国加州理工学院生物学家埃里克·戴维森评论说:"生物学经历了一波又一波的革命浪潮,在这之后一切都变得不同了。当下就是生物学的变革时刻。"

知识链接：

理查德·费曼(Richard Feynman,1918年5月11日—1988年2月15日)是美国理论物理学家,1939年毕业于麻省理工学院,1942年6月获得普林斯顿大学理论物理学博士学位。因对量子电动力学的贡献,他于1965年和朱利安·施温格及朝永振一郎共同获得诺贝尔物理学奖。读者可以参阅他的自传《别逗了,费曼先生》,了解他与众不同的幽默风格。

参考文献

[1] S. Begley, "Biologists Hail Dawn of a New Approach: Don't Shoot the Radio," The Wall Street Journal, February 21, 2003.

[2] N. Gibbs, "The Secret of Life," Time, February 17, 2003.

[3] Y. Lazebnik, "Can a biologist fix a radio—or, what I learned while studying apoptosis," Cancer Cell, vol. 2, pp. 179-182, September 2002.

[4] Institute for Systems Biology website [Online]. Available: www.systemsbiology.org (accessed September 1, 2015).

[5] To learn how a simple radio really works, see for example: http://electronics.howstuffworks.com/radio8.htm

6.2 生物医学与工程中的大挑战

尽管尼尔斯·玻尔戏谑地说"预测很困难,特别是针对未来的预测",我还是禁不住怀着一种带有负罪感的快乐,想看看我的同行对于未来技术发展的预测。由于长期以来对生物医学应用的兴趣,我特别好奇美国医学与生物工程院(American Institute for Medical and Biological Engineering,AIMBE)的院士对于本领域未来发展的看法。AIMBE 在 2011 年,也就是其成立 20 周年之际对未来 20 年的主要发展趋势进行了预测。AIMBE 近来的一份报告中总结了院士的讨论结果,包括分析得出的 6 个首要技术挑战:

知识链接:

尼尔斯·玻尔(Niels Bohr,1885 年 10 月 7 日—1962 年 11 月 18 日),丹麦物理学家。他因对原子结构理论的贡献而获得 1922 年诺贝尔物理学奖。欧洲核子研究中心(CERN)是在他的倡议下成立的,他也担任了该组织的第一届主席。

(1)安全和可持续的水与食品供应;

(2)个性化健康服务;

(3)伤病和慢性病的治疗;

(4)基于传染病防治的全球卫生;

(5)可持续的生物能源生产;

(6)21 世纪的美国经济。

当 AIMBE 独立完成以上预测时,IEEE 在 2012 年 10 月的一次会议上也形成了一些相似的结论。IEEE 小组的结论发表在一篇题为《生命科学和医学工程中的大挑战》的文章中:

(1)脑与神经系统;

(2)心血管系统;

(3)癌症的诊断、治疗和预防;

(4)从实验室到临床的转换;

(5)生物医学工程中的教育和培训。

为了识别在这些大挑战框架内电磁学、射频、微波领域的工程人员能够为哪些技术问题提供解决方案,我对 AIMBE 的报告进行了更深入的研究。以下是我识别出来的几个趋势:

(1) 安全和可持续的水与食品供应:为植物、动物和人类生活品质而提高测量和控制系统的工程性(包括传感器、仪器、计算机电源和模糊/软系统分析工具)。

(2) 个性化健康服务:通过提高远程医疗的能力改善医疗服务,通过改进无创医学成像等手段提高疾病的早期诊断与治疗能力。

(3) 伤病和慢性病的治疗:通过开发无创起搏器提高心律失常的治疗能力。

我们未必完全认可 AIMBE 和 IEEE 所提出的工程问题,可能有自认为合理的轻重缓急判断,但显然这是本领域工程师未来需要全力以赴、倾力解决与社会发展相关的技术问题。

参考文献

[1] College of Fellows, AIMBE, "Medical and biological engineering in the next 20 years: the promise and the challenges," IEEE Transactions on Biomedical Engineering, vol. 60, no. 7, pp. 1767-1775, July 2013.

[2] B. He, R. Baird, R. Butera, A. Datta, S. George, B. Hecht, et al. "Grand challenges in interfacing engineering with life sciences and medicine," IEEE Transactions on Biomedical Engineering, vol. 60, no. 3, pp. 589-598, March 2013.

[3] R. Bansal, "Microwave surfing: tugging at the heart strings," IEEE Microwave Magazine, vol. 13, no. 6, pp. 22-141, September/October 2012.

6.3 生物医学应用——从电磁技术看未来的商业热点

如果近几年参加过 IEEE 国际微波年会、天线与电波传播年会或美国全国无线电科学大会,可能已经注意到射频、微波研究界正在积极参与电磁技术在生物医学应用中的研究。这些年会特别强调了非电离电磁波的益处,明确宣告,在探索电磁技术应用的工作中,我们已经超越了传统防务领域并取得了长足进展。而且会议也有效反击了媒体关于非电离电磁辐射存在安全问题的报道。

我有幸参加了 2011 年在美国巴尔的摩举办的 IEEE 国际微波年会,会议通过技术讲座和研讨会等形式展现了微波在生物医学中的应用。技术讲座中展示了监测(如对于生命体征的非接触式监测)、成像(包括磁共振成像(MRI)中的射频收发机设计)、医学传感器(如用于颅内压测量的装置)以及测量生物组织电磁特性的技术。鉴于磁共振成像技术的重要性,大会特意为高(磁)场 MRI 系统安排了一场技术讲座和一次研讨会。另外一场关于微波和毫米波成像的研讨会中介绍了临床系统,还有几场研讨会探讨了射频生物医学电子器件和传感器(包括可穿戴和植入式)以及微波成像(如用于乳腺癌的检测)。

在联合召开的 2011 年 IEEE 天线与电波传播年会、USNC/URSI 美国全国无线电科学大会上,主办方也特意针对生物医学问题举行了多场专题讲座。应赞助方的要求,会议特别强调了天线在生物医学传感器和成像系统中的重要作用。会议还特别设立了针对生物医学遥测(包括植入式装置)、乳腺癌检测(重点强调计算建模问题)、电磁放射量测量和生物接触评估、人体与天线和其他电磁装置的相互作用(包括体域网络)以及治疗/康复应用(如微磁神经刺激和经颅磁刺激)等专题。为了帮助业内人士提高手持设备(如手机、平板电脑)的研发能力,大会还举办了针对生物相容天线设计的短期课程。

研究界通常会未雨绸缪,聚焦于需要数年时间才能实现商业应用的设备开发。为此掌握微波/射频设备在医学应用中的市场前景至关重要,而《微波和射频》(Microwave & RF)杂志提供的一份报告就具有很高的参考价值。尽管很多公司已经在 MRI(射频收发机部分)领域打拼了多年,还有很多新公司开始研发成像、测试、扫描和康复等应用。一个重要的发展趋势是将传统医疗系统中的有线通信网络替换为工作在工业、科学和医疗(ISM)频段的无线网络。无线链路通常具有低功耗(不需要电池)和低数据率的特点。IEEE 802.15.4 协议和低功耗蓝牙(Bluetooth Low Energy,BLE)技术是目前无线医疗设备中的两个常用标准。除了医疗设备无线网络的快速发展之外,射频器件(如射频消融中的功率放大器)、采用非接触方式读取心电图的电场传感器以及脉冲型雷达收发机芯片(用于心跳监测)等产品也在当下和未来具备广阔的市场前景。由于在医疗应用中需取得美国食品药品管理局(Food and Drug Administration,FDA)或其他国家相应监管机构的审批,射频、微波生物医学设备的市场开发难度很大。尽管很多从事射频、微波领域部件、分系统研制工作的公司缺乏直接的经验,但他们仍有机会通过支撑客户(医疗设备、系统制造商)的产品开发而进入这一市场。这份报告的结论是:"虽然 FDA 的审批问题和独特的应用环境导致难度加大,但是越来越多的射频和微波技术公司正在医疗市场中取得成功。"

参考文献

[1] 2011 IEEE/MTT‐S International Microwave Symposium [Online]. Available: http://www.ieee.org/conferences_events/conferences/conferencedetails/index.html?Conf_ID=14644 (accessed September 2, 2015).

[2] 2011 IEEE International symposium on Antennas and Propagation (APSURSI) [Online]. Available: http://ieeexplore.ieee.org/xpl/mostRecentIssue.jsp?punumber=5981577 (accessed September 2, 2015).

[3] N. Friedrich, "Microwaves Energize Medical Applications," Microwaves & RF [Online]. Available: http://mwrf.com/medical/microwaves‐energize‐medical‐applications (accessed September 2, 2015).

[4] To start exploring biomedical applications of microwaves, a good starting point is the list of resources listed on the website of IEEE MTT‐10, the technical coordinating committee on Biological Effects and Medical Applications: Available: http://www.uta.edu/faculty/jcchiao/MTT_10/Reports.htm (accessed May 4, 2016).

6.4 扣动心弦

全美每年约有 8 万名心衰患者需要心脏移植或植入心室辅助装置(Ventricular Assist Device,VAD)。由于捐献者不足和移植手术会产生的高昂医疗费用,每年仅有不到 2500 名患者有机会接受心脏移植术,因此患者们对于改进型 VAD 的需求非常迫切。当 FDA 在 1994 年批准第一代植入式 VAD 产品上市时,人们仅仅期望它们能够帮助患者多存活几个月,这样还有更多机会找到合适的供体。随着技术的发展,患者依靠 VAD 可以延长 5 年甚至更长的寿命,如美国前副总统迪克·切尼就曾经接受 VAD 植入手术。

有一个问题始终制约着 VAD 技术的发展,如同没电的智能手机只是一件摆设一般,植入的 VAD 产品需要电池供电。VAD 产品的功耗约为 10 瓦,因此无法采用植入式电池,只能将外部电源通过一根穿膛电源线连接至 VAD,而这会带来很多不良反应,其中包括患者的移动性受限、没法洗澡,以及伤口易于感染导致患者需要再入院治疗等更严重的问题。

我曾在有关消费电子产品无线充电技术的文章中介绍过,给电动牙刷等家用电器充电的电感耦合方式在发射线圈和接收线圈距离增大的情况下会出现功率传输效率急剧下降的问题。在基于该策略的 VAD 经皮能量传输系统(transcutaneous energy transfer systems,TETS)中,功率传输线圈分别被置于皮肤上方和下方。经过大量的实验室测试和样机开发,目前已经有两种 TETS 产品投入临床使用。但这些方案要求两个线圈具有较高的对准精度,且置于皮肤上的外部线圈易导致局部刺激、感染甚至热烧伤等不良反应。

基于以上问题,一位心脏外科医生和一位电气工程师进行了密切合作,近来取得的成效在大众媒体和专业论坛上引起了广泛关注。尽管他们开发的无线谐振电能传输(free-range resonant electrical energy delivery,FREE-D)系统仍基于电感耦合原理,但与传统方案的不同之处在于,采用了发射和接收线圈分别调谐至兆赫范围内某一频率的谐振耦合方式。在他们的方案中,一个小型化接收线圈将被植入患者体内,而发射线圈可以集成到患者穿戴的背心中,甚至还可以在夜间贴在床上或装在天花板上。尽管测试结果已经证实了 FREE-D 系统的巨大潜力,但实际的临床应用还需等待动物实验和临床试验的完成。如果一切顺利,心衰患者有望在几年内获得这种无线的"救命稻草"。

参考文献

[1] B. H. Waters, A. P. Sample, P. Bonde, and J. R. Smith, "Powering a ventricular assist device(VAD) with the free-range resonant energy delivery (FREE-D) system,"*Proceedings of the IEEE*, vol. 100, no. 1, pp. 138-149, January 2012.

[2] "A wireless heart,"*The Economist* [Online]. Available:http://www.economist.com/node/21017837(accessed September 2, 2015).

[3] R. Bansal, "AP-S turnstile: cutting the cord,"*IEEE Antennas and Propagation Magazine*,

［4］ R. Bansal, "Microwave surfing: goodbye to batteries," *IEEE Microwave Magazine*, vol. 8, no. 4, pp. 24-26, August 2007.

［5］ R. Bansal, "Microwave surfing: the future of wireless charging," *IEEE Microwave Magazine*, vol. 10, no. 5, p 30, August 2009.

［6］ The website for Prof. J. Smith's Sensor Systems Laboratory at the University of Washington [Online]. Available: http://sensor.cs.washington.edu/FREED.html (accessed September 2, 2015).

6.5 晴天"震颤"

"研究者展示了对除颤仪的无线信号进行重新编程并盗取患者信息的能力。"

——CNN新闻标题

不少美国心脏病患者采用了起搏器和植入式心率转复除颤器(Implantable Cardioverter Defibrillator, ICD)等医疗器械，这些能够调节心脏功能的装置挽救了很多人的生命。当这种器械(更新版)通过手术置于人体皮肤内时，它可以与外部的编程单元通信，不但能够向外部传输患者的遥测数据(包括生理信息以及身份信息)，还能通过未加密的信道接收用于调整器械工作参数的指令。

在美国马萨诸塞大学和华盛顿大学的电气工程师与计算机科学家的技术支持下，哈佛医学院威廉·梅塞尔博士带领的研究团队决定"劫持"这样一个无线系统，以证明此类植入式医疗器械潜在的脆弱性。在2008年5月IEEE安全与隐私性年会(Symposium on Security and Privacy)上，他们汇报了针对一台具有无线功能(175千赫)的美敦力除颤仪的研究成果。他们采用具有快速记录功能(4×10^6次采样/秒)的示波器和通用软件无线电外设(Universal Software Radio Peripheral, USRP)对ICD的通信协议进行了反向工程研究。示波器记录了ICD和编程单元的频谱包络曲线。在Matlab环境下依托GNU无线电工具链对这些频谱信息进行了处理，从而获得ICD和外部编程单元之间传输的信息。

有了通信协议之后，梅塞尔的团队不但能够窃听ICD的遥测数据，还能通过包括让心脏产生不必要休克在内的方式对ICD发起基于软件无线电的攻击——这当然会影响患者的安全。千万别认为他们这种方式太"残酷"，我要强调一下，他们在这项研究中只用了一块培根和一些牛肉而已。为了防止不法之徒按照他们的方法对临床环境发起真正的攻击，论文有意忽略了很多细节。基于提高患者安全的研究初衷，他们还介绍了在发生软件无线电攻击时采用零功耗（不需要电池供电）防御策略提醒患者的方法（例如，通过射频能量采集技术收集能量，并可以发出声响信号的技术）。由于在采用电池供电的植入式器械中能耗问题非常重要，因此零功耗概念无论在哪种防御策略中都非常关键。

不是每个人都对他们的研究感兴趣。美国克利夫兰医学中心的布鲁斯·林赛评论说："除颤仪的信息传输系统在设计之初就没有考虑承受攻击的问题……我不认为这些发现有任何临床价值。为了劫持这个系统，需要把编程器推到患者的胸前，而这不是随便哪个人都能做到的。"梅塞尔博士对此回应说："未来将会有更多采用无线传输技术且作用距离更远的植入式器械。"美敦力公司的发言人表示，未来ICD产品的作用距离将达到30英尺，因此他们会采用更强的安全措施。如果是这样的话，梅塞尔博士的研究的确有价值。

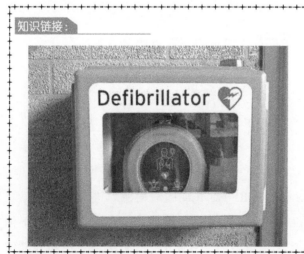

知识链接：

本节的标题"A Jolt from the Blue"是对"A Bolt from the Blue"（晴天霹雳）的改编，译者因此翻译为"晴天'震颤'"。据称，北京、上海、广州、西安等城市的地铁站都已配备了体外除颤仪（AED）设备。

参考文献

[1] "Study: Heart Devices can be Hacked," was a 2008 news story reported on CNN.

[2] D. Halperin, T. S. Heydt-Benjamin, B. Ransford, S. S. Clark, B. Defend, W. Morgan, et al., "Pacemakers and implantable cardiac defibrillators: software radio attacks and zero-power defenses," *Proceedings of the 2008 IEEE Symposium on Security and Privacy*, pp. 129-142, May 2008.

[3] To learn more about software defined radio, see for example: http://www.arrl.org/software-defined-radio (accessed May 4, 2016).

6.6 植入式医疗器械——无线通信技术的下一个"蓝海"

正是100年前由马可尼所发明的无线电技术和50年前诞生的微处理器技术的结合促生了如今全球超过40亿的手机用户数量。根据无线电领域先锋人物马丁·库伯的估计,无线电频谱效率从马可尼时代至今已经提高了大约1万亿倍;而最新一代的微处理器也证实了微电子技术随着摩尔定律的高歌猛进——一个芯片上能够容纳超过10亿个晶体管;而无线系统估算成本已经大幅下降至每件1美分。

如果商场里的每位购物者携带着智能手机,每样商品都安装了嵌入式无线芯片,那么无线连接的下一个前沿是什么?相关产业的发展将依靠什么?无线芯片已经应用于人体中,例如那些希望进入西班牙巴塞罗那巴哈海滩俱乐部VIP区的顾客就在手臂上植入了微型芯片以便于身份识别。而根据马克·诺里斯在《设计新闻》(*Design News*)中的预计,包括心脏起搏器、人工耳蜗和神经刺激仪等在内的无线植入医疗产品有望达到170亿美元的市场规模。

1999年,美国联邦通信委员会(Federal Communications Commission,FCC)基于实现"超低功耗、无须授权且能支持与植入式医疗器械相关的诊断与治疗中实现数据传输功能的移动无线电服务"的目的,将402~405兆赫的频段定义为医疗植入通信服务(Medical Implant Communications Service,MICS)频段。选择该频段的原因如下:

(1) 在人体内具有良好的传播特性；

(2) 能够满足体积、功耗、天线性能和接收机设计方面的技术要求；

(3) 与国际频率分配兼容。

为了避免对这一频段其他用户的干扰,MICS 设备需要满足以下严苛条件：

(1) 等效全向辐射功率不得超过 25 微瓦；

(2) 授权带宽限定为 300 千赫；

(3) 不得用于话音通信；

(4) 当封装在模拟人体生物组织的媒介内时,必须开展辐射和 EIRP 限制符合性的测试；

(5) 频率稳定性应为 $\pm 10^{-4}$。

马克·诺里斯认为,在满足 FCC 规则的前提下,既要实现高稳定的数据通信服务,还不能消耗过多的电池能量,这是一种"微妙的平衡"。这迫使研究者和制造商需要考虑系统中包括天线和收发机芯片等在内的各种细节。例如,常用于自组织网状网络建设和管理的 Zigbee 标准适合医院环境的外部医疗设备,却不满足植入式器械对超低功耗的要求。飞利浦公司消费者医疗事业部首席技术官马尔滕·巴门特洛强调说："相应的基础技术都已经具备,因此当前的主要问题是如何实现经济可行性。"但是,目前还处于"无线融入"社会的早期阶段,未来的仿生人一定是基于无线技术的。把你的收音机调到 402～405 兆赫频段。

参考文献

[1] "A World of Connections," *The Economist* [Online]. Available：http://www.economist.com/node/9032088（accessed September 2, 2015）.

[2] M. Norris, "Design considerations for Wireless Implants," *Design News* [Online]. Available：http://www.designnews.com/document.asp？doc_id=220968（accessed September 2, 2015）.

[3] Background about wireless medical devices at the FCC website [Online]. Available：https://www.fcc.gov/page/fcc-connect-2-health-mobile-healthcare-technology-milestones（accessed September 2, 2015）.

[4] A. Mahanfar, S. Bila, M. Aubourg, and S. Verdeyme, "Design Considerations for the Implanted Antennas," IEEE MTT-S International Microwave Symposium, pp. 1353-1356, Honolulu, HI, June 3-8 2007.

[5] R. Merritt, "Zarlink Transceiver Helps Implants go Broadband," *EETimes* [Online]. Available: http://www.eetimes.com/news/latest/showArticle.jhtml? articleID = 199203169 (accessed September 2, 2015).

[6] For a technical discussion of the field of wearable and implanted RF sensors and networks, see for example: D. H. Werner and Z. H. Jiang, Electromagnetics of Body-Area Networks: Antennas, Propagation, and RF Circuits, Wiley-IEEE Press, 2016.

6.7 采用微波热疗治疗癌症

热疗是将肿瘤生物组织加热至 42~45℃ 范围内以治疗癌症的疗法。其实医学界早在几十年前就已经引入了微波热疗技术（可以参考帕格里昂的美国专利以及相关参考文献）。由于热疗能够提高肿瘤对于放疗和化疗的响应，医生通常会将热疗与化疗和/或放疗结合起来。马卡里尼等学者在 2005 年国际微波年会"生物效应与医学应用"技术研讨会中介绍了他们在微波热疗领域开展的实验研究，同时指出"微波热疗……主要存在于学术研究之中。这是因为市场上用于热疗的加热设备还存在一些差距，而且临床医生也对此持怀疑态度"，但热疗法已经在欧洲和亚洲得到了临床使用。尽管微波热疗结合放疗的方法已经获得了美国 FDA 的批准，然而"几乎没有医生接受过操作培训"。但近来公布的临床试验结果有望扭转美国的这一局面。

美国杜克大学埃伦·琼斯博士带领团队开展了临床研究。他们认为之前的微波热疗研究缺乏"严格的热剂量处方和监管"。琼斯团队在临床试验中采用"肿瘤内超过 90% 监测点的累计等效分钟（CEM 43℃ T_{90}）"作为热剂量的测量单位。试验共涉及 109 名具有"可加热"体表肿瘤（深度≤3 厘米）的患者，其中的大多数是患有乳腺癌的女性，而且她们的病症在胸壁术后还曾复发。

根据之前的临床前和临床数据，研究者分析计算出的最小有效热剂量为 10 CEM 43℃ T_{90}。热疗的整个过程为一周两次，每次持续 1~2 小时，最多进行 10

次治疗。治疗中将热疗与放疗结合,采用工作在 433 兆赫的体外微带螺旋微波施源器,光纤温度计则用于监测肿瘤的温度分布。这是一次随机试验,有些患者只接受放疗,其他患者将接受放疗和热疗相结合的疗法。

结果表明,双重疗法在消灭肿瘤中非常有效:接受了结合疗法的患者中成功率达到 66%,而只接受放疗患者的成功率只有 42%。从整体响应来看,那些之前接受过放疗患者的整体康复程度最佳。总的来说双重疗法未能延长患者的生存期,"主要是因为很多病人的癌细胞已经扩散到了身体其他部位"。然而结合疗法可以控制局部肿瘤并提高患者的生活质量。有些之前接受过放疗的患者已经不能承受全量放疗的痛苦,而采用双重疗法可以降低放疗的剂量,这也为治疗癌症提供了一种新思路。

参考文献

[1] J. C. Lin, "Biomedical Applications of Electromagnetic Engineering," Chapter 17, pp. 605-629, In *Handbook of Engineering Electromagnetics*, edited by R. Bansal, Marcel Dekker: New York, 2004.

[2] R. Paglione, "Coaxial Applicator for Microwave Hyperthermia," US Patent #4,204,549, May 27, 980.

[3] P. F. Maccarini, H.-O. Rolfsnes, D. G. Neumann, J. Johnson, T. Juang, and P. R. Stauffer, "Advances in Microwave Hyperthermia of Large Superficial Tumors," IEEE MTT-S International Microwave Symposium, Long Beach, CA, June 12-17, 2005.

[4] N. Seppa, "Microwavable cancers," Science News, vol. 167, no. 19, p. 294, May 7, 2005.

[5] A. G. van der Heijden, L. A. Kiemeney, O. N. Gofrit, O. Nativ, A. Sidi, Z. Leib, et al., "Preliminary European results of local microwave hyperthermia and chemotherapy treatment in intermediate or high risk superficial transitional cell carcinoma of the bladder," European Urology, vol. 46, no. 1, pp. 65-71, July 2004.

[6] E. L. Jones, J. R. Oleson, L. R. Prosnitz, T. V. Samulski, Z. Vujaskovic, D. Yu, et al., "Randomized trial of hyperthermia and radiation for superficial tumors," Journal of Clinical Oncology, vol. 23, no. 13, pp. 3079-3085, May 1, 2005.

[7] A Duke University press release on the study [6]. (The original version of the column ap-

peared in "Microwave surfing," IEEE Microwave Magazine, vol. 6, no. 3, pp. 32-34, September 2005.)

[8] For an overview of the use of hyperthermia (including microwave hyperthermia) in the treatment of cancer, see for example: http://www.cancer.org/treatment/treatmentsandsideeffects/treatmenttypes/hyperthermia (accessed May 4, 2016).

你知道吗?

小测验(六)

1. 为了纪念赫兹发现电磁波100周年,IEEE在1988年出版了纪念性文集《海因里希·赫兹:微波的起点》。当近来为研究生准备天线方面的入门教程时,我又一次拜读了这本书并深深地惊叹于赫兹在实验方面的非凡才智。本章的前两道习题都源于这部文集。集肤效应,即当高频电流通过导体时,电流将集中在导体表面流通的现象,是由_____明确提出的。

(a)麦克斯韦

(b)法拉第

(c)赫兹

(d)以上皆不是

2. 1886年,赫兹(1857—1894)成功用实验证实了麦克斯韦理论。当时赫兹是_____。

(a)柏林大学的博士生,受赫姆霍兹指导

(b)基尔大学教师

(c)卡尔斯鲁厄大学教授

(d)以上皆不是

3. 移动医疗(mHealth)是指_____。

(a)涉及手机潜在健康危害的领域

(b)采用诸如手镯一类的磁性物体来取得所谓的健康益处

(c)将新的移动通信终端技术应用于为患者提供卫生服务和信息

(d)以上皆不是

4. 反统计是指_____。

(a) 只关注于测量结果,却忽视了固有的不确定性和误差

(b) 去除雷达回波中与杂波相关的部分

(c) 在数据融合中删除矛盾的数据

(d) 以上皆不是

5. 美国国家标准与技术研究院(National Institute of Standards and Technology,NIST)的研究团队宣称测量到了有史以来最小的力174幺牛,这对应于_____。

(a) 174×10^{-18} 牛

(b) 174×10^{-21} 牛

(c) 174×10^{-24} 牛

(d) 以上皆不是

6. 根据《太阳报》的报道,Lady Gaga 不敢使用_____。

(a) 手机

(b) iPad

(c) 互联网

(d) 以上皆不是

7. 在1995年的一篇专栏文章中,网络工程师鲍勃·梅特卡夫预测由于数据的海量增长,互联网将在1年内崩溃。当这一预言失败后,梅特卡夫选择_____。

(a) 重写了一篇文章,说互联网将在10年内崩溃

(b) 用料理机把论文和水打成糊,然后真的吞了下去

(c) 通过推特账户发表了致歉信

(d) 以上皆不是

8. 德国的研究团队将电磁脉冲能量用于_____。

(a) 屏蔽公共的无线网络热点

(b) 减小车内空气中的污染物

(c) 在钢铁上打孔

(d)以上皆不是

9. 北卡罗来纳州立大学的研究团队提出了建筑物内基于_____的分布式传感器网络。

(a)通过暖通空调(HVAC)系统的无线电波

(b)窗户反射的红外信号

(c)将信号叠加在60赫的电线上

(d)以上皆不是

10. 斯坦福大学团队开发的"电子衬衫"(e-shirt)_____。

(a)能够电子方式现实可变的文字

(b)采用基于碳纳米管材料制作的染料将衬衫染色,将其变为电池

(c)是一件基于光学超材料的虚拟衬衫

(d)以上皆不是

答案

1. (a)麦克斯韦

来源:J. Bryant, Heinrich Hertz:The Beginning of Microwaves, IEEE, NY, 1988.

2. (c)卡尔斯鲁厄大学教授

来源:J. Bryant, Heinrich Hertz:The Beginning of Microwaves, IEEE, 1988.

3. (c)将新的移动通信终端技术应用于为患者提供卫生服务和信息

来源:K. Foster, "Telehealth in Sub-Saharan Africa: lessons for humanitarian engineering," IEEE Technology and Society Magazine, pp. 42-49, Spring 2010.

4. (a)只关注于测量结果,却忽视了固有的不确定性和误差

来源:C. Seife, Proofiness:The Dark Arts of Mathematical Deception, Viking, 2010.

5. (c) 174×10^{-24} 牛

来源:"The Force is Weak With This One," The Economist, p. 78, April 24, 2010.

6. (a)手机

来源:"'Scientific American' v. Lady Gaga,"Microwave News[Online].

网址:http://www.microwavenews.com/news-center/%E2%80%9Cscientific-american%E2%80%9D-vs-lady-gaga.

访问时间:2015年9月3日。

7. (b)用料理机把论文和水打成糊,然后真的吞了下去。

来源:"Breaking Up," *The Economist*, p. 65, February13, 2010.

8. (c)在钢铁上打孔

来源:"It's a Knockout," *The Economist*, p. 80, January 16, 2010.

9. (a)通过暖通空调(HVAC)系统的无线电波

来源:C. Dillow. "Sensor Networks in Buildings Could Use AC Ducts as Huge Building-Wide Antennas," Popular Science[Online].

网址: http://www.popsci.com/science/article/2010-08/rfid-sensor-networks-buildings-would-useac-ducts-huge-building-wide-antennas.

访问时间:2015年9月3日。

10. (b)采用基于碳纳米管材料制作的染料将衬衫染色,将其变为电池

来源:Dye turns fabric into a battery. BBC News[Online].

网址:http://news.bbc.co.uk/2/hi/technology/8471362.stm.

访问时间:2015年9月3日。

第7章
军事应用

7.1 瓦尔多何在

"我们打开了通往秘密花园之门。"

——约翰·彭德里

英国帝国理工大学彭德里教授认为,对于电磁研究领域而言,2006年将是值得纪念的一年。因为科学家在这一年发现了超材料在隐身方面的潜在应用价值——有点像电影《哈利波特》中的隐形斗篷。当时杜克大学的研究团队证明,通过一个由10根玻璃纤维环和覆盖于其上的亚波长铜单元阵列构成的二维结构,微波频段的入射电磁波将被"引导"至铜柱附近,这样散射信号的场强将降低。2008年,美国加州大学伯克利分校的研究团队采用纳米技术制造出了这种"斗篷",从而使目标在接近可见光频段"消失"。尽管这些基于超材料技术的研究成果令人振奋,但是它们与现实生活的应用还有相当的差距。在这一时期《经济学人》发布了一份报告,介绍了目前可以实现的一些"捉迷藏"式的军事技术。以下是这份报告中的亮点:

战地军装(迷彩服)一般会印上纯色的扭曲纹路。"杂波度量"(研究观察者定位和识别目标的能力)领域的研究者采用眼动跟踪技术证明了采用小色块像素纹路织物的技术优越性。像素纹路已经应用于很多西方国家的陆军军装,结果表明与传统迷彩服相比，敌方需要抵近40%的距离才能识别出穿着新型伪装服的士兵。

知识链接：

本节的英文标题为"Where is Waldo?"。*Where is Waldo?* 是 Little Brown & Co 出版社推出的一套视觉大发现益智游戏图书，类似于《猫鼬在哪里？》这套书。这也算是一种视觉的隐身吧。

动态适应环境的伪装技术也是目前的研究热点。一种技术方案是采用小型摄像头扫描周边环境，生成的数据将用来操控嵌入了发光二极管（LED）的类织物塑料薄膜的颜色和纹路。尽管这些薄膜目前与"可穿戴"的目标还存在差距，但是它们已经被应用于装备伪装实验中。例如，当一辆用这种薄膜伪装的坦克停在草坡上时，敌方观察到的目标可能就只是草而已。在另一种自适应伪装技术方案中，摄像头的颜色和纹理反馈信息将用来在柔性塑料贴纸上投影伪装目标的大致轮廓。

由于敌方可能会通过红外和热成像设备探测到我方目标，因此在夜战任务中隐藏军事设施的热特性非常关键。嵌入了空心微珠（铝或二氧化硅制成的微小空心球体）的织物用于阻隔人体的热能特性，而且相关的实验也已完成。用于火炮等热目标的绝缘贴纸也已经在开发进程中。尽管这种贴纸不能完全隐藏目标，却可以混淆敌方的视听，如可以把坦克的热特性降低到摩托车的量级。

除了针对叶簇穿透雷达等探测技术开展持续研究之外，研究界还利用了手机在城市环境中产生的"颤振"辐射背景。当飞机（包括隐身飞机）飞越这一"颤振"区域时，背景中将会产生可检测的"孔洞"。由于这项技术是一种"无源"探测方法,因此相对而言暴露给敌方的概率较低。以上这些新技术都将继续推动"捉迷藏"式高科技产品推陈出新和不断演进。

参考文献

[1] P. Rincon, Experts create invisibility cloak, *BBC News* [Online]. Available: http://news.bbc.co.uk/2/hi/science/nature/6064620.stm (accessed September 3, 2015).

[2] D. Felbacq, "Envisioning invisibility: recent advances in cloaking," *OPN*, vol. 18, no. 6, pp. 32-37, June 2007.

[3] "Invisibility Cloak 'Step Closer'," *BBC News* [Online]. Available: http://news.bbc.co.uk/2/hi/science/nature/7553061.stm (accessed September 3, 2015).

[4] "How to Disappear," *The Economist* [Online]. Available: http://www.economist.com/science/tq/displaystory.cfm?story_id=11999355 (accessed September 3, 2015).

[5] To learn more about metamaterials, see for example: http://phys.org/tags/metamaterials/ (accessed May 5, 2016).

7.2 "抗磁体"斗篷——在磁场环境中隐藏潜艇的操作指南

"令人惊讶的是,我们现在还完全依靠麦克斯韦160多年前提出的方程组来寻求新的解决方案。"

——阿尔罗瓦·桑切斯

西班牙巴塞罗那自治大学

能否用麦克斯韦方程组设计一件既能隐藏物体内部的静磁场,又不会扰动外部静磁场的"抗磁体"斗篷? 如果这样一件产品成功上市,我们可以带着违禁金属物品通过安检设备且不会被发现——这对安保人员来说简直是一场噩梦,甚至还可以使潜艇不被磁触发水雷探知。

受英国帝国理工大学约翰·彭德里超材料团队前期研发成果的启发,西班牙巴塞罗那自治大学阿尔罗瓦·桑切斯教授和同事在《科学》杂志中撰文,提出了一种"抗磁体"理论设计方法并提供了实验结果。

"从理论上论证出电磁场隐身性的可实现性是非常激动人心的,但目前只能从简化方法入手对电磁斗篷进行实验验证(例如,采用射线近似方法消除部分散射场,或是隐藏平面上的凸起物而非自由空间中的物体以简化计算模型)。然而,我们直接从麦克斯韦方程组推导出了圆柱形超导-铁磁双层结构能够精准隐藏均匀静磁场的结论,并进行了试验验证。"

新型"抗磁体"斗篷为双层结构,由高温超导带材加工而成的内层会排斥磁场,而由较厚的铁镍铬合金板材制成的外部铁-磁层会吸引磁场。通过麦克斯韦方程组对其尺寸和材料特性进行精确分析后,可以平衡两层材料之间的抵消效应,从而消除外部静磁场的畸变。由于在静态情况下磁场和电场会解耦,斗篷的设计仅与材料的磁导率有关。

桑切斯教授的团队在40毫特静磁场条件下测试了小型"抗磁体"斗篷的性能。在静磁条件下开展的设计导致结果与波长(频率)不相关,因此样机的尺寸可以进行任意缩比。但由于加工中采用的高温超导带材需要用液氮来冷却,将"抗磁体"斗篷应用到金属探测器和潜艇等实际应用场景的想法目前看来还很遥远。

参考文献

[1] T. Commissariat, "How to Hide From a Magnetic Field," *Physicsworld* [Online]. Available: http://physicsworld.com/cws/article/news/2012/mar/22/how-to-hide-from-a-magnetic-field (accessed October 22, 2015).

[2] J. Palmer, "'Antimagnet' Joins List of Invisibility Approaches," *BBC News* [Online]. Available: http://www.bbc.co.uk/news/science-environment-15017479 (accessed October 22, 2015).

[3] F. Magnus, B. Wood, J. Moore, K. Morrison, G. Perkins, J. Fyson, et al., "A d.c. magnetic metamaterial," *Nature Materials*, vol. 7, pp. 295-297, 2008.

[4] F. Gömöry, M. Solovyov, J. Šouc, C. Navau, J. Prat-Camps, and A. Sanchez, "Experimental realization of a magnetic cloak," *Science*, vol. 335, no. 6075, pp. 1466-1468, March 2012.

[5] W. H. Hayt and J. A. Buck, *Engineering Electromagnetics*, 8th ed., McGraw-Hill, New York, 2012. Magnetic materials are discussed in Chapter 8.

[6] F. T. Ulaby and U. Ravaioli, *Fundamentals of Applied Electromagnetics*, 7th ed., Prentice Hall, Upper Saddle River, NJ, 2015. Magnetic materials are discussed in Chapter 5.

7.3 用微波脉冲制止飞车追逐

2004年,在美国国家公共广播电台(National Public Radio,NPR)的《万事皆晓》(All Things Considered)节目中,主持人罗伯特·西格尔采访了普罗泰克(ProTech)咨询公司总裁大卫·吉里博士,访谈的主题是一种能够终止飞车追逐的新型微波装置——飞车追逐可是好莱坞制片人的最爱。美国的执法机构和交警已经预定了这种产品,英国也已经购买了相关产品以开展测试。2004年的欧洲电磁会议(European Electromagnetic Conference,EuroEM)曾经展示过这种装置的早期测试结果。

吉里博士在访谈节目中说,该产品将安装在警车的后备箱中,定向天线置于车顶。只需一触按钮,警车就能向超速车辆发射微波能量。电磁脉冲将在与微处理器相连的线缆中感应出高瞬态电流,从而使嫌犯所驾驶车辆的点火装置关闭。虽然宝马和丰田公司可能会采用不同供应商的微处理器,但由于微处理器容易受到微波脉冲的影响,警察并不需要为车型而操心。该产品的主要技术挑战在于定向性必须足够高,从而可以在繁忙的高速公路上仅仅逼停辛普森(嫌疑犯)驾驶的汽车且不影响其他车辆通行。我曾认为,如果一辆高速行驶的汽车突然发生点火系统失效,它可能会方向失控从而导致大堵车。但吉里博士

知识链接:本节提到的辛普森就是曾经轰动一时的"辛普森杀妻案"中的美式橄榄球明星O. J. Simpson。他当年开着福特公司的Bronco越野车飙车被警方追逐,直接上了NBC直播。辛普森的辩护律师抓住了替辛普森无罪开脱的证据,即辛普森根本戴不上现场发现的两只带血的手套。华裔神探李昌钰也曾参与这个案件的调查。最后陪审团宣告辛普森无罪。他究竟是否杀妻?这可能已经是一个"罗生门"。

保证这种情况不会发生,车辆只会慢慢减速并停下来。大家的另一个关切问题是,微波脉冲是否会对驾驶员的健康造成潜在影响,毕竟美国司法部曾经展示过一种用定向微波能造成短暂烧灼感以制服敌对人群的微波系统。吉里博士再次保证,这种产品会严格遵循 IEEE 有关接触微波安全限量的标准。

既然执法机构已经订购了吉里博士开发的这套系统,我们不免联想万一这种东西落入恶棍之手,他们会不会用其破坏各种由微处理器控制的电子产品。吉里博士承认了这个问题的存在,并称他在最近编著的一本关于非致命电磁武器的新书已经讨论了这一问题。

如果美国警局都陆续装备了这种微波脉冲装置,威利·萨顿这样的银行抢劫惯犯该怎么办?这些暴徒八成会去买福特公司 1965 年推出的没有配备微处理器的野马(Mustang)汽车。

参考文献

[1] The NPR interview is available online in the NPR archives through http://www.highbeam.com/doc/1P1-96651030.html (accessed September 15, 2015).

[2] Ian sample, "Police Test Hi-Tech Zapper That Could End Car Chases," The Guardian (UK) [Online] Available: http://www.theguardian.com/science/2004/jul/12/sciencenews.crime (accessed September 15, 2015).

[3] EUROEM 2004, July 12-16, 2004, Magdeburg, Germany.

[4] S. Mihm, "The Quest for the Nonkiller App," The New York Times, July 27, 2004.

[5] D. V. Giri, High-Power Electromagnetic Radiators: Nonlethal Weapons and Other Applications, Harvard University Press, Cambridge, MA, December 2004.

[6] The company e2v has developed a product called "RF Safe-Stop" based on this concept. See: http://www.e2v.com/products/rf-power/rf-safe-stop/ (accessed May 5, 2016).

7.4 非致命武器是否会成为 21 世纪的战争利器

2005 年国际微波年会(International Microwave Symposium, IMS)问答比赛中的一道题也出现了《IEEE 微波杂志》2005 年 6 月刊。这道题与大功率电磁技术的应用相关:

主动拒止技术采用微波来_____。

（a）防止未授权的访问

（b）驱散充满敌意的人群

（c）干扰敌方通信

（d）以上皆不是

正确答案：（b）驱散充满敌意的人群

驱散充满敌意的人群指的是美国空军开发的一种非致命武器，这种技术将微波照射向某些具体的个人以驱散敌对人群。微波波束产生的热量将使人产生短暂的烧灼感，但不会造成任何长期副作用。

7.3 节介绍了另一种大功率微波技术的应用场景。该设备安装在警车的后备箱中，定向天线则置于车顶。警车向超速车辆发射一股微波能量后，电磁脉冲将在与微处理器相连的线缆中感应出高瞬态电流，从而导致嫌犯车辆的点火装置关闭。

在 2005 年庆祝美国哈佛大学已故教授罗纳德·金百岁诞辰的校友午餐会上，我刚好坐在大卫·吉里博士旁边并有幸与他就其关于非致命武器的新著作进行了交谈。这本被纳入哈佛大学出版社"电磁学图书馆"（The Electromagnetics Library）丛书的著作讨论了各种非致命武器（NLW）技术并聚焦于大功率电磁脉冲（EMP）。吉里作为一名顾问科学家在电磁脉冲模拟器领域具有丰富的经验，还曾与人合著了一本关于高功率微波系统的专著。

吉里的新书简要介绍了若干用于窄带、中等带宽、宽带和超宽带（带宽比大于10）大功率电磁信号的源和辐射系统的现有技术与新兴技术，进而倡导了这样一种观点——21 世纪需要新范式的武器技术，非致命武器未来将在对外战争和国内冲突中发挥更加重要的作用。在吉里看来，开发非致命武器的可信论断基于以下因素：

（1）美国已经成为唯一的超级大国；

（2）美国作为北大西洋公约组织（NATO）的主导者，在维和行动中将人员派驻到了风险环境中；

（3）主要西方国家更倾向于能够将冲突双方生命损失降至最小的解决方案；

知识链接：

斯洛伐克 Grand Power 公司研制的 T15-C 非致命武器。

（4）执法机构能够受益于非致命武器；

（5）非致命武器是一种能够控制异议和叛乱且不会增加敌意的方式（传统武器难免造成流血牺牲）；

（6）非致命武器更适合于城市作战（如科索沃和巴格达等城市）；

（7）非致命武器有望降低误伤概率。

尽管吉里博士对非致命武器的未来发展充满热情，但作为一个务实主义者他承认，即使这种武器得到广泛地开发和部署，也只会发挥辅助性角色而不会替代传统武器。此外，非致命武器也有其自身的局限，这包括人们的怀疑（"非致命这个概念与战争本身对立"）、潜在的开发成本、可能被不法分子滥用以及最重要的问题——我们的计算机和电子基础设施在敌方大规模大功率电磁武器面前非常脆弱。这自然会让我们想到非致命技术对策的话题。这也许会是吉里下一本书的选题。

参考文献

[1] S. Mihm, "The Quest for the Nonkiller App," *The New York Times*, July 27, 2004.

[2] D. V. Giri, *High-Power Electromagnetic Radiators: Nonlethal Weapons and Other Applications*, Harvard University Press, Cambridge, MA, December 2004.

[3] C. D. Taylor and D. V. Giri, *High-Power Microwave Systems and Effects*, Taylor and Francis, 1994.

7.5 单翼返航志忑归

向下看,前方就是我们的机场,

尽管坏了一台发动机,

但我们还能飞,

我机单翼返航志忑归。

在一个恰逢美国阵亡将士纪念日的周末,当看到美国国防高级研究计划局(Defense Aduanced Research Project Agency,DARPA)发布的准昆虫机器人(hybrid insect MEMS)领域的项目征集通知时,我突然想到了上面这首由哈罗德·亚当森作词、吉米·麦克休作曲且在二战中颇为流行的歌曲——《单翼返航志忑归》。

> 知识链接:
>
>
>
> 本节开头的这段歌词源自第二次世界大战中在美国非常有名的爱国歌曲 *Coming in on a Wing and a Prayer*,讲述了一架战机在执行任务后严重受损,但仍历经艰辛回到基地的故事。

DARPA意在资助那些能够实现"昆虫受控机体"的交叉学科研究。基于整体大于局部作用之和这一前提,DARPA希望在昆虫蜕变的早期就能将微电子机械系统(MEMS)与昆虫紧密集成,这样随着蛹逐渐成长,置入微电子机械装置(MEM)的切口能够良好愈合,内部器官逐渐将包裹微电子机械装置。与DARPA早年资助的那些将电子模块粘在成体昆虫的方法相比,这种新手段能够与昆虫形成一个更可靠的生物-机电接口。

当微电子机械装置与昆虫的身感集成得以完善之后,工作重点将转向提高"控制昆虫的运动和感知环境(如探测爆炸物和地雷等)的能力"。由于难以为

> **知识链接：**
>
>
>
> 1cm
>
> 成立于1958年的美国国防高级研究计划局，是美国国防部下属行政机构，负责研发用于军事用途的高新科技。这一机构在推动美国科技与经济发展中发挥了重要作用。

微电子机械装置寻找到足够轻的电源，能量收集（包括体热和运动）技术成为下一个亟待解决的问题。DARPA在这一项目中的终极目标是"采用电子遥控或GPS导航的方式将昆虫派遣至位于数百米外目标的5米范围之内"。尽管DARPA主要期待蜻蜓和飞蛾等飞虫来实现这一目标，但他们认为若能采用跳跃昆虫或水生昆虫实现目标也是可以接受的。

时间终将告诉我们，这个项目究竟会是DARPA的一个失败案例，还是最终能带来切实的成效。在牛津大学博物馆自然历史部工作的乔治·麦加文接受英国广播公司（BBC）的采访时说："成体昆虫想要做的是繁殖和产卵。要控制昆虫的飞行线路，只有重组它的整个大脑模式才行。"昆虫本能要进食和交配……导致它们无法稳定运行，DARPA以前资助的蜜蜂和黄蜂项目因此遇到了挫折。DARPA始终在寻求那些风险和回报都非常高的研究领域，这样才有可能为传统军事行动和使命提供的巨大进步，因此在追求革命性进步的过程中它宁愿舍弃那些仅依靠现有最新技术实现革命性进步的方案。美国普林斯顿大学的研究者在《生物学快报》的文章中介绍了"赛博昆虫"这一命题。他们利用强力胶和睫毛胶将重量仅为1/3克的发射机粘在蜻蜓身上，然后通过飞机上的接收机记录蜻蜓的飞行数据以研究其迁徙模式。相对而言，他们的期望值比较适中："我们最大的期望是未来能够用卫星接收这些发射机的信号。"相比之下，DARAP 的期待实在太高了，就像"一条通往蒂帕雷里的漫漫长路"。

知识链接：

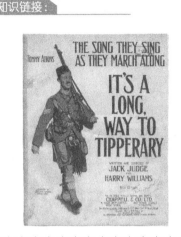

"一条通往蒂帕雷里的漫漫长路"取自第一次世界大战期间的英国反战歌曲 It's a long way to Tipperary。

参考文献

［1］ The origin of the expression "*on a wing and a prayer*" is traced at：http://www.worldwidewords.org/qa/qa-ona2.htm (accessed October 22, 2015).

［2］ The DARPA pre-solicitation notice (2006).

［3］ R. Bansal, "Moths rush in where angels fear to tread," *IEEE Antennas and Propagation Magazine*, vol. 42, no. 2, p. 84, April 2000.

［4］ G. Kitchener, "Pentagon Plans Cyber-Insect Army," BBC ［Online］. Available：http://news.bbc.co.uk/2/hi/americas/4808342.stm (accessed October 22, 2015).

［5］ "Tiny Tags Trace Dragonfly Paths," *BBC*［Online］. Available：http://news.bbc.co.uk/2/hi/science/nature/4759615.stm (accessed October 22, 2015).

［6］ To learn more about MEMS, see for example：https://www.mems-exchange.org/MEMS/what-is.html (accessed May 5, 2016).

7.6 极低频对潜通信技术的兴衰史

那乐声虽早已在耳边消失，
却长久地留在我的心上。

——华兹华斯(1770—1850)《孤独的收割者》

> **知识链接：**
>
> 华兹华斯
>
>
>
> 华兹华斯（William Wordsworth，1770—1850）是英国浪漫主义诗人。他的诗歌理论动摇了英国古典主义诗学的统治，有力地推动了英国诗歌的革新和浪漫主义运动的发展。他是文艺复兴运动以来最重要的英语诗人之一，其诗句"plain living and high thinking"（朴素生活，高尚思考）被作为牛津大学基布尔学院的格言。

当我看到"美国海军即将终结极低频（extremely low frequency，ELF）对潜通信项目"的头条消息时，不禁想起了华兹华斯在《孤独的收割者》一诗中的哀伤文字。2004年9月30日，也就是上一政府财年的终结之日，美国海军对ELF项目累计4亿美元的投资画上了句号，同时位于密歇根和威斯康星的两个ELF发射机也被关闭。

在20世纪60年代初，向携带弹道导弹的潜艇发送指令的需求非常迫切，正如比奇上校所说：

"……如果一艘正在巡航的潜艇携带着16枚装有核弹头的'北极星'导弹，我们的国家机器必须及时而有效地控制它。这不仅是常识，也是美国《国会法案》（包括最初的《原子能法》）、国家安全委员会的命令、参谋长联席会议的决定以及海军作战部长直接指挥的要求。"

由于ELF电磁波能够以极小的衰减值（约1分贝/1000千米）在地球和电离层构成的球形波导间传播，且能够以相对低的衰减量（在76赫约为0.3分贝/米）穿透一定深度的海水，因而ELF通信成为一种有效的对潜通信手段。需要强调的是，这种通信方式是单向的，只能实现从海岸到潜艇的通信（柯林斯教授解释说，从潜艇发射出来的信号会因为衰减而湮灭于大气噪声之中）。然而，实现这样一种窄带单向ELF通信仍然面临着巨大的技术难关：由于ELF频段的波长高达数千千米,我们所能实现最大天线的电尺寸与之相比依然很小,这导致辐射效率极低。

> **知识链接:**
>
> "北极星"弹道导弹
>
>
>
> 1956年12月,美国海军开始研发一种全新的固体燃料弹道导弹,美国国防部称之为"北极星"导弹计划。这是一个由导弹、核潜艇、水下通信设备与导航等系统构成的庞大复杂项目。在苏联发射了第一颗人造地球卫星Sputnik之后,美国人感到了苏联拥有或即将拥有足够大功率的导弹发动机和足够精确的导弹飞行制导系统对其的威胁,为此决定加速在研中的"北极星"导弹计划及第一艘导弹潜艇。《舰船知识》杂志评价道:"弹道导弹核潜艇的出现,不但是潜艇发展史上的又一突破,也是战略核力量的又一次转移。陆基洲际导弹发射井很容易被敌方发现,弹道导弹核潜艇则以其高度的隐蔽性和机动性成为一个难以捉摸的水下导弹发射场。"

为了发射足够功率的ELF信号,美国海军在北威斯康星克朗湖附近的契瓜密冈国家森林和上密歇根的埃斯卡诺巴国家森林建造了两个巨大的发射站。每幅水平发射天线都采用了挂在数百个电线杆上且长达数英里的电线,这与20世纪60年代最早提出的建设方案相比已经大幅简化。最早的方案要采用蜿蜒数千英里的抗辐射地下电缆网络和数百台发射机。接收天线是拖拽在潜艇尾部的一条长绝缘电缆。

这两台发射机在15年的服务期内,所在地不时会受到和平活动家和环保主义者的"造访"。为了打消公众的疑虑,美国海军共计花费了2500万美元来评估发射装置是否会对人类健康和环境造成影响,结果没发现任何问题。由于受到"重新评估其优先级"的政治压力,美国海军最终决定关闭这两台发射机,这样每年大约能节约1300万美元军费。而位于威斯康星和密歇根的相关基础设施也将在未来几十年中被陆续拆除。美国海军与潜艇通信只能依靠分布在其他地区的甚低频(very low frequency, VLF)发射机。对于那些曾经参与过 ELF 对潜通信系统开发和实施的人士而言,这宣告了一个时代的突然终结。

参考文献

[1] "Navy Pulls Plug on Project ELF," *The Chief Engineer* [Online]. Available:http://chief-engineer. org/? p=1785 (accessed October 22, 2015).

[2] E. L. Beach, "ELF: to communicate with a submerged submarine," *Defense Electronics*, pp. 54-61, April 1980.

[3] R. E. Collin, *Antennas and Radio Wave Propagation*, McGraw Hill, 1985.

[4] D. F. Rivera and R. Bansal, "Towed antennas for US submarine communications: a historical perspective," *IEEE Antennas and Propagation Magazine*, vol. 46, no. 1, pp. 23-36, February 2004.

[5] R. Imrie, "Navy to Shut Down Sub Radio Transmitters," *USA Today* [Online]. Available:http://usatoday30. usatoday. com/tech/news/2004-09-26-sub-radio-offair_x. htm (accessed May 5, 2016).

[6] For a quick overview of submarine communication systems, see for example:http://www. global security. org/military/systems/ship/sub-comm. htm (accessed May 5, 2016).

[7] W. H. Hayt and J. A. Buck, *Engineering Electromagnetics*, 8th ed. , McGraw-Hill, New York, 2012. Electromagnetic wave propagation in seawater is discussed in Chapter 11.

[8] F. T. Ulaby and U. Ravaioli, *Fundamentals of Applied Electromagnetics*, 7th ed. , Prentice Hall, Upper Saddle River, NJ, 2015. Electromagnetic wave propagation in seawater is discussed in Chapter 7.

7.7 电磁干扰——斯卡利教授阴谋论学说的依据

文献[1]中介绍了哈佛大学英文教授伊莱恩·斯卡利提出的理论,她把 1996 年 4 月 9 日长岛上空环球航空公司 TW800 航班的爆炸和坠毁归结为电磁干扰(electromagnetic interference, EMI)。当她在《纽约书评》1998 年 4 月 9 日刊上发表题为"环球航空公司 TW800 航班坠机——论电磁干扰的可能性"的长文之后,美国国家运输安全委员会(National Transportation Safety Board,

NTSB)"花费了几十万美元重新调查 EMI 问题对坠机事件的影响",还有"美国航空航天局受 TW800 航班调查者委托所完成的报告首页引用了斯卡利教授的工作"。

尽管美国国家运输安全委员会最终排除了电磁干扰与环球航空公司坠机事件之间的关系,斯卡利教授对于电磁干扰问题的研究并没有停止。随后她又在《纽约书评》上发表了三篇文章,把 1998 年 9 月在加拿大新斯科舍附近因电气火灾坠毁的瑞士航空公司 SR111 航班以及 1999 年 10 月在南塔斯特岛附近因副驾驶员自杀式行为而坠毁的埃及航空公司 MS900 航班都归结为电磁干扰因素。"作为这三起空难中任意一起的解释——更别提全部三起了,斯卡利的理论被认为是极其不可能的",但阴谋论者还是对瑞士航空公司和埃及航空公司两起空难"使人紧张不安的巧合"而欣喜若狂。两架飞机的失事都被归结为不明原因的电气灾难,都在大规模军事演习期间起飞,且海军 EP3 巡逻机都曾在附近海域飞行,都遵循了同一航线,也都刚好在周三上午 8:19 分起飞(林肯和肯尼迪遇刺案的爱好者肯定会对此感兴趣)。我还要透露一个有意思的巧合:伊莱恩·斯卡利是在获得康涅狄格大学博士学位之后到哈佛大学任教的,而我则是从哈佛大学获得博士学位之后到康涅狄格大学任教的!

一个英文教授为什么会掺和电磁干扰这样的专业技术问题之中?文献[1]认为斯卡利的兴趣在于"交叉学科"的研究,正如她对一位美国有线电视新闻网(CNN)的记者所说"通过不同的领域或学科来寻找问题的答案",其中包括法律、医学和科学等。斯卡利希望用她在文学批评方面的技巧来"解决社会问题并救死扶伤"。她断言:"英语教授的身份并不能免除我贡献公民义务的责任。事实上我的责任更重了,因为我知道如何开展研究工作。"她的同事史蒂芬·格林布拉特以她开车为例做了这样的描述:"她会研究每一个指示牌,思考所有可能的意义……她认为每个人都应该以这种方式阅读整个世界。"尽管这种研究方式让她获得了赞誉,但当它被应用到三起独立的空难时,还是引发了人们的怀疑(至少是在科学家中)。《航空安全周刊》总编辑大卫·埃文斯说:"不论是怎样貌似令人信服的巧合都不能推导出因果关系来。两架飞机同在周三夜里的同一时间起飞并执行同样的航线并不能说明任何问题。"

斯卡利教授的言论无疑能够在电视这一虚构的世界中找到观众。根据《福布斯》杂志的一篇文章,《末世黑天使》这部由福克斯电视网制作的科幻连续剧将时间设定在 2019 年,也就是在恐怖分子于美国东海岸 50 英里之外引爆核电磁脉冲(NEMP)并导致所有卫星、有线通信系统、计算机数据库和金融基础设施失效的 10 年之后。我急切地期盼斯卡利教授对于这部电视剧的解析。

知识链接:

《末世黑天使》(*Dark Angel*)是由詹姆斯·卡梅隆导演,杰西卡·阿尔芭等主演的一部动作科幻电视剧,2000—2002 年于美国 Fox 电视台播映,期间总共播了两季。杰西卡·阿尔芭扮演的女主 Max 是基因实验的产物,和同伴一起逃离政府秘密实验室后一直生活在恐惧之中。所谓末世,即恐怖分子用电磁脉冲摧毁了整个社会的基础设施,导致社会大萧条的末世出现。政府是否会放过女主?故事由此而展开。

参考文献

[1] R. Bansal, "AP-S turnstile: deconstructing the TWA crash," *IEEE Antennas and Propagation Magazine*, August 1998.

[2] E. Eakin, "Professor Scarry Has a Theory," *The New York Times Magazine*, pp. 78-81, November 19, 2000.

[3] *The New York Review of Books*. Full text of articles is available within the searchable archives of the journal at: http://www.nybooks.com/contributors/elaine-scarry/ (accessed May 5, 2016).

[4] "Could an EMC problem have brought down SwissAir 111?" Conformity, p. 6, December 2000.

[5] K. Blakeley, "Dark side of the script," Forbes, p. 63, January 22, 2001.

[6] A good starting point for finding technical material related to EMI and EMC is the website of

the IEEE EMC Society：http://www.emcs.org/（accessed May 5, 2016）.

7.8 犯罪干预——防止核电磁脉冲武器的滥用

除了电影《末世黑天使》所设想的灾难之外，伊恩·桑普尔在为《新科学家》杂志撰写的文章中也想象了类似由电磁炸弹引发的混乱场景。尽管随着冷战的结束，在大多数科学家看来核电磁脉冲引发全球浩劫的风险已经大大降低，但将电磁干扰应用于犯罪活动的风险可没那么容易消失。曼纽尔·温克就职于瑞典国防装备管理局期间曾在 *Compliance Engineering* 期刊中写道：

"我们所处的高科技社会深深依赖的系统在大功率电磁瞬态现象面前非常脆弱。尽管来自犯罪分子或恐怖分子的威胁比较低，但人们普遍认为这种威胁将与时俱增。风险也会随着这种脆弱性而加剧。因此我们必须密切关注这一领域的发展。"

有趣的是，1999 年多伦多召开的国际无线电科学联盟（URSI）大会上通过了针对采用电磁工具进行犯罪活动的以下决议：

国际无线电科学联盟考虑到：

（1）1984 年的 URSI 大会曾经通过了一项核爆产生的高空电磁脉冲有害影响的决议。

（2）本决议旨在引起科学界对于犯罪活动采用电磁干扰而引起的效应的关注。该行为可定义为故意且恶意使用电磁能量在电气或电子系统中引入噪声或信号，干扰、迷惑或损伤以上系统从而实现恐怖或犯罪目的的行为。

（3）采用电磁工具的犯罪活动是电磁兼容和电磁干扰等物理规律的产物。然而在这种情况下恐怖分子会故意产生攻击性的电流或辐射。偶发性辐射已经能够损伤电子设备，而这些恶意产生的电磁场必然将给脆弱的设备造成严重影响。当这样的新威胁出现时，电磁兼容领域的从业者应该做好充分准备。

本决议旨使人们意识到：

（1）采用电磁工具和相关效应进行犯罪活动的可能性；

（2）犯罪活动中可以秘密且匿名使用电磁工具的事实，以及电磁场可以穿透围栏和墙壁等物理边界的现象；

（3）采用电磁工具对交通、电信、安全和医疗等社会基础设施和重要功能实施犯罪活动的严重后果；

（4）可能对生命、健康和国家经济活动造成严重后果。

需要注意到国际电工技术委员会（International Electrotechnical Commission，IEC）77C 小组委员会正在开发为了保护这些系统以避免遭到这些新电磁威胁影响的程序。

国际无线电科学联盟建议科学界，特别是电磁兼容界考虑这一威胁并采取以下措施：

（1）针对采用电磁工具的犯罪活动开展更多的研究，并建立相应的分级分类；

（2）针对采用电磁工具进行犯罪活动的技术，研究并提供能够保护公众免受恐怖分子针对基础设施的攻击而造成损害的方法；

（3）开发高品质的测试与评价方法，以评估系统在这些特殊电磁环境下的性能；

（4）为防护标准的形成提供可信数据，并支持正在进行中的标准化工作。

对于采用电磁干扰技术进行违法犯罪的潜在威胁，工业界当前的反应还比较迟缓。时任国际电工技术委员会小组委员会主席的威廉·拉达斯基认为：

"在国际电工技术委员会中有几位来自计算机制造商等行业的产业界人士，他们由于从事计算机的销售工作并担心这些产品的安全问题而开始对这一问题敏感起来。'研究侧'有不少'技术兴趣'，但目前国际电工技术委员会是唯一正在针对这一问题开始实质性工作的国际组织。"

由于大型服务器集群已经成为人们经济生活中的重要基础设施，其可靠性问题日益凸显。在 2001 年静电放电/静电损伤年会（EOS/ESD Symposium）中，一位学者介绍了他们针对服务器安装电磁兼容环境和设备潜在威胁的研究成果。这篇文章指出，脉冲型电磁辐射对存储在服务器中的数据的威胁不亚于物理安全的影响。

为了解电磁干扰水平的威胁能力，可以从《欧洲电磁兼容指令》入手。该指令规定：住宅设备应能达到 3 伏/米场强的抗扰度，工业设备应能达到 10 伏/米场强的抗扰度。拉达斯基指出,采用在随意一家无线电器材公司购买的设备或多余的军用雷达组件就可以组装出能在中等距离实现100~200伏/米场强蓄意电磁干扰的设备。要强调的是这种恶意的电磁干扰不仅限于辐射场。俄罗斯科学院高能密度研究所证实,在建筑物外向输电线注入干扰,可以轻易地对建筑内的计算机产生高压毁伤效应。

幸运的是,对于制造商而言保护敏感设备免受蓄意电磁干扰的任务并没有像应对核电磁脉冲那样艰巨。采用屏蔽或滤波一类的应对措施也会非常有效。拉达斯基说:

"没有必要达到100分贝,20分贝就足够了。10倍的量级使得犯罪分子或恐怖分子很难制造出麻烦,这是因为他们要抵近10倍的距离才能在屏蔽装置内产生同等量级的场。"

参考文献

[1] R. Bansal, "AP-S Turnstile: catching up with Professor Scarry," *AP-S Magazine*, vol. 43, no. 1, pp. 122-123, February 2001.

[2] I. Sample, "Wave of Destruction," New Scientist [Online]. Available: https://www.newscientist.com/article/dn698-wave-of-destruction/ (accessed October 22, 2015).

[3] "The New Cold War: Defending Against Criminal EMI," *Compliance Engineering*, pp. 12-18, May/June 2001.

[4] URSI Resolution on criminal EMI adopted at the 1999 General Assembly in Toronto.

[5] "The EMI/ESD Environment of Large Server Installations," *Conformity*, pp. 38ff, October 2001.

[6] A good starting point for finding technical material related to EMI and EMC is the website of the IEEE EMC Society: http://www.emcs.org/ (accessed May 5, 2016).

7.9　无线网络——下一个电子战战场吗

对于国防领域的微波工程师来说,应对诸如窃听和干扰一类的问题简直是轻而易举,但这对无线通信领域的同行而言似乎还很遥远。然而正如以下两份报告所指出的,无线网络设计师可能需要采用相应的对策来避免"电子战场"的伏击。

我是间谍

随着无线网络产品价格的快速下降,办公楼内通过无线网络连接起来的计算机正在快速增加。根据《华尔街时报》的报道,2000年全球销售了330万台无线设备,而且这一数字未来还将持续增长。毕竟一个小型无线网络只需要几百美元的成本,而且具有易于建设、不需要大量密密麻麻的穿墙网线等优点。缺点是:如果网络管理员不采取安全措施,在附近窥探的人立刻能够获取这些数据。为了证明这一问题,安全顾问彼得·希普利和无线技术爱好者马特·彼德森带着2.46吉赫的八木天线和笔记本电脑在硅谷周围开车转悠。他俩有点像唐·吉诃德和桑丘·潘沙的组合,成功截获了硅谷高科技公司在未经保护的无线网络中来回传送的电子邮件和文件。软件技术可以保护无线网络的安全,但希普利和彼德森发现很多公司甚至懒得打开这一功能。3Com公司的约翰·德鲁里在接受《华尔街时报》采访时说:"安全问题往往是事后的补救措施。吃一堑,方能长一智。"有时候公司内部的几个工程师会在网络管理员不知情的情况下建立"流氓网络"以共享打印机,这样一来会使得整个系统暴露给外部侦听。他们还计划采用一台特殊的功率放大器在旧金山附近的山上进行监控实验。

垃圾频段

人们或许都喜欢多任务处理模式,例如在使用扩频无绳电话时,可能还盯着微波炉里的咖啡。但一系列的报告都警告说无线通信(包括新推出的蓝牙系统)可能恰好会被附近微波炉的射频辐射所干扰。

首先介绍一点基础知识。微波炉所工作的2450兆赫是工业、科学和医疗(industrial,scientific and medical,ISM)频段之一。ISM设备在这些频段的功率可以任意设置,其电磁辐射会受到相关国际安全规范的限制。由于某些ISM设备会产生显著的射频噪声,不难想象915兆赫、2450兆赫和5800兆赫这三个频率会被称为"垃圾频率"。FCC规定非ISM用户也可以使用这些频段(如用于通信设备),只要他们能够容忍由授权ISM设备所引起的干扰。尽管存在射频干扰的风险,无线通信界人士仍然乐于使用这些在全球范围内都可以广泛使用的频段。例如,工作在 2450 兆赫的蓝牙系统作为一种低功耗、短距离的扩频通信方式,因为符合 FCC 规则中的第十五款而不需授权即可使用。

实验结果证明,工作在 2450 兆赫的扩频无绳电话的性能会受到周围微波炉的严重影响。这些电话的制造商在说明书上写下了"如果距离微波炉很近,接收机可能会收到噪声。此种情况下请远离微波炉"之后,就认为自己已经对用户尽到提醒责任。但是,只有当这些 ISM 频段无线通信设备呈现高速的增长态势时,制造商才有可能认真对待微波炉(类似地,包括射频照明等 ISM 设备)等电器引起的严重兼容性问题。人们已经提出了一些抑制这种干扰的方法,但尚未开展充分的测试工作。由于干扰源(微波炉、射频照明设备)和受干扰设备(工作在 ISM 频段的无线通信设备)都符合当前的 FCC 准则,这一冲突最后如何收场还是值得关注的。我建议使用微波炉热好咖啡之后再打开蓝牙设备。

参考文献

［1］ L. Gomes, "Silicon Valley's Open Secrets," *The Wall Street Journal*, vol. 27, April 2001.

［2］ C. Buffler and P. Risman, "Compatibility issues between bluetooth and high power systems in the ISM bands," *Microwave Journal*, pp. 126-134, July 2000.

［3］ M. Lazarus, "ISM vs. spread spectrum—avoiding the FCC," Microwave Journal, pp. 116-122, October 2000.

［4］ J. Osepchuk, private communication, April 12, 2001.

［5］ P. Neelakanta and J. Sivaraks, "A novel method to mitigate microwave oven dictated EMI on bluetooth communications," Microwave Journal, pp. 70-88, July 2001.

［6］ A good starting point for finding technical material related to EMI and EMC is the website of the IEEE EMC Society: http://www.emcs.org/ (accessed May 5, 2016).

［7］ For more information about RF devices operating in the "junk bands," see for example: http://www.arrl.org/part-15-radio-frequency-devices (accessed May 5, 2016).

你知道吗?

小测验(七)

1. 2006 年,《微波与射频》(*Microwave & RF*)杂志逢其 45 周年成立之际根据员工和读者的提名与投票等程序,评选出了45项"微波界传奇"(包括人物、时间、地点等)。从那时起,这一榜单每年会更新一次。《微波与射频》杂志的官方网站上可以找到最新的清单。_____还没有被纳入这一榜单。

(a)麦克斯韦

(b)法拉第

(c)赫兹

(d)以上皆不是

2. _____没有入选美国国家工程院评选的20世纪最伟大的20项工程成就。

(a)收音机和电视

(b)雷达

(c)激光和光纤

(d)以上皆不是

3. _____没有入选美国国家工程院评选的21世纪的14项工程大挑战。

(a)开发基于磁悬浮的公共交通系统

(b)由聚变产生能源

(c)网络空间安全

(d)以上皆不是

4. 2009年,激光动力(LaserMotive)公司在美国航空航天局的比赛中赢得了90万美元的奖金。这家位于西雅图的初创公司将用这笔资金开发_____的小型样机。

(a)采用燃料电池的火箭

(b)航天飞机的替代产品

(c)太空电梯

(d)以上皆不是

5. 高智公司(Intellectual Ventures)的研究人员正在开发基于_____的灭蚊系统,从而可以帮助人类对抗疟疾。

(a)射频

(b) 微波

(c) 激光

(d) 以上皆不是

6. 著名的伯洛伊特学院心态表旨在识别 18 岁青年的世界观。这份榜单自 1998 年诞生后,每年会进行一次更新。_____没有出现在 2009 年秋季推出的清单之中。

(a) 无处不在的无线热点

(b) 业余无线电爱好者无须掌握莫尔斯码

(c) 文本都是超文本

(d) 以上皆不是

7. 莫耶和沃斯特尔编著的《实用无线电技术(第 3 版)》出版于 1928 年。这本书的附录中罗列了早期无线电技术发展史中的亮点。_____没有出现在这一清单中。

(a) 金属屑检波器(一种探测电磁波的电器)

(b) 自外差电路

(c) 同轴电缆

(d) 以上皆不是

8. DARPA 资助的"受控机体"(安装了电子设备的昆虫)中的射频识别应答机采用了_____能源。

(a) 核

(b) 燃料电池

(c) 光伏

(d) 以上皆不是

9. _____被视为"手机之父"。

(a) 亚历山大·格雷厄姆·贝尔

(b) 马蒂·库珀

(c) 艾尔·戈尔

(d) 以上皆不是

10. 美军在阿富汗山区会采用_____来提供军用卫星信号的中继服务。

(a) 飞艇

(b) 无人机

(c) 铁塔

(d) 以上皆不是

答案：

1. (b) 法拉第

来源："Microwave Legends"．

网址：at http://mwrf.com/community/microwavelegends．

访问时间：2016年5月5日。

2. (b) 雷达

来源：R. Lucky, "Engineering achievements: the two lists," IEEE Spectrum, p. 23, November 2009.

3. (a) 开发基于磁悬浮的公共交通系统

来源：R. Lucky, "Engineering achievements: the two lists," IEEE Spectrum, p. 23, November 2009.

4. (c) 太空电梯

来源：K. Chang, "Winner in Contest Involving Space Elevator," The New York Times, November 8, 2009.

5. (c) 激光

来源："Zap!" The Economist Technology Quarterly, p. 10, June 6, 2009.

6. (a) 无处不在的无线热点

来源："Beloit College Mindset List"．

网址：https://www.beloit.edu/mindset/Previouslists/2013.

访问时间：2016年5月5日。

7. (c) 同轴电缆

来源："Design notes: a bit of radio history," High Frequency Electronics, p. 64, April 2009.

8. (a)核

网 址：http://spectrum.ieee.org/semiconductors/devices/nuclearpowered-trans ponder-for-cyborginsect(访问时间2016年5月5日).

9. (b)马蒂·库珀

来源："Father of the Cell Phone," The Economist Technology Quarterly, pp. 30-31, June 6, 2009.

10. (a)飞艇

来源："Spies in the Sky," The Economist Technology Quarterly, p. 6, June 6, 2009.

第8章
家庭和工业应用

"一个人总是得不断超越自我,否则还有什么乐趣可言?"

——罗伯特·布朗宁(1812—1889)

8.1 风中飘扬

知识链接：

本节的英文标题"Blowin' in the Wind"是鲍勃·迪伦在20世纪60年代创作的一首金曲,也是电影《阿甘正传》的插曲。鲍勃·迪伦是第一位以歌手身份获得诺贝尔文学奖的人。译者非常喜欢的 Knocking on heaven's door(《敲响天堂之门》)等乐曲的歌词也出自鲍勃·迪伦之手。

问题：在电影《回到未来Ⅱ》中,男主人公马蒂·麦克弗莱从1985年穿越到2015年10月21日时,采用哪种交通工具摆脱了一帮流氓的袭扰？

回答：悬浮滑板。

既然 2015 年 10 月 21 日来去匆匆，那么悬浮滑板呢？

在电影《回到未来》三部曲的编剧鲍勃·盖尔想象中，"与磁悬浮列车类似的悬浮滑板飘在磁场上方"。我几年前曾在一篇专栏文章中介绍过，中国已经在通往浦东国际机场的列车上采用了磁悬浮技术（最高速度达 250 英里/小时）。但是，对于大多数人而言，磁悬浮技术仍处于满足科学好奇心的阶段。例如，大学一年级学生的物理实验课上会采用廉价的实验装置来演示磁悬浮的原理，但很少有人能够意识到这项技术的实用价值。

电影《回到未来》(Back to the Future) 三部曲分别上映于 1985 年、1989 年和 1990 年。该电影系列由罗伯特·泽米吉斯执导，迈克尔·福克斯、克里斯托弗·洛伊德等出演。故事主要围绕着高中生马蒂·麦克弗莱和他的忘年交——发明家艾米特·布朗博士和他发明的时间机器展开。

最近 YouTube 网站推出的"雷克萨斯悬浮滑板"的视频访问量已经超过了 1000 万次，引起了媒体的广泛关注。"雷克萨斯公司推出的这段短视频展示了滑板爱好者测试悬浮滑板的画面。那是在西班牙巴塞罗那附近的一个特别建造的滑板公园拍摄的。"我要强调"特别建造"这几个字——大家在视频中只看到了滑板公园的混凝土地面，但下方肯定还安装了磁体。悬浮滑板采用了由液氮冷却至 -321 华氏度的超导体组件，因此其侧面会不时喷出缕缕烟雾。阿贡国家实验室材料科学部主任麦克·诺曼解释说："超导体和磁体相互作用产生的梅塞尔效应会排斥重力，从而导致一件东西可以飘浮在空中。因此视频中的水泥路面下方一定存在磁性物质。"

读者可能会感到失望，目前我们街道的下方还没有这样的磁轨，因而体育用品商店也不会出售超导滑板。思考下面这个科学设想的启示:西班牙的一群物理学家近来报道了在实验室环境中"能够将磁场从空间中的一点移动到另一位置"的磁性"虫洞"。如果人类能够驾驶超导滑板穿越磁性"虫洞",那将会是怎样一个激动人心的未来?是不是该给《回到未来Ⅳ》招募演员了?

参考文献

[1] C. Dougherty, "Hoverboard? Still in the Future," *The New York Times*, October 21, 2014 [Online]. Available:http://www.nytimes.com/2014/10/21/technology/hoverboard-still-in-the-future.html?_r=0 (accessed August 21, 2015).

[2] R. Bansal, "AP-S turnstile: a eureka moment," *IEEE Antennas and Propagation Magazine*, vol. 53, no. 3, pp 174-175, June 2011. DOI:10.1109/MAP.2011.6028445

[3] "Levitating Magnetic Hoverboard Unveiled," BBC News [Online]. Available:http://www.bbc.com/news/technology-33785285 (accessed August 21, 2015).

[4] B. Barrett, "How That Lexus Hoverboard Actually Works," Wired [Online]. Available:http://www.wired.com/2015/06/lexus-hoverboard-slide/ (accessed August 21, 2015).

[5] E. Cartlidge, Physicists create a magnetic wormhole, PhysicsWorld [Online]. Available:http://physicsworld.com/cws/article/news/2015/aug/20/physicists-create-a-magnetic-wormhole-in-the-lab (accessed August 21, 2015).

[6] For an explanation of the Meissner effect, see for example:http://lrrpublic.cli.det.nsw.edu.au/lrrSecure/Sites/Web/physics_explorer/physics/lo/superc_12/superc_12_02.htm (accessed May 6, 2016).

[7] To learn more about wormholes, see for example:http://www.space.com/20881-wormholes.html (accessed May 6, 2016).

8.2 车路协同

美国康涅狄格大学主校区所在地斯托尔斯是一个不大的乡村社区。我下班步行回家时发现很少在路上见到骑自行车的人。我曾问一位来自北欧的研究生为什么不骑自行车到校,他解释说由于没有专用的自行车道,在机动车之间穿行让他感到很不安全。与欧洲不同,美国的机动车驾驶人不会关注自行车骑手,也不会因为他们而减速。现在一家北欧的汽车制造商已经开始着手解决这个问题。

在瑞士举行的第83届日内瓦国际车展上,瑞典沃尔沃公司发布了一款自行车识别系统,该系统将很快应用于该公司的众多车型中。沃尔沃公司2010年推出的行人识别系统升级版在汽车的散热器栅格中安装了微波雷达,并在挡风玻璃下方安装了光学摄像头,从而能够同时识别多个目标,包括可能在机动车前方急转向的自行车骑手。沃尔沃公司称,当碰撞即将发生时,不但会有警报声提醒驾驶员,而且刹车系统也将自动启动。之前安装了行人识别系统的沃尔沃车主只需要升级软件就能够使用新的自行车识别系统功能,而其他对该系统感兴趣的车主则需花费大约3000美元在厂家预装相应的硬件。

《美国统计摘要》称,2012年约有700名自行车骑手和近5000名行人在机动车交通事故中丧生,因此汽车制造商提高安全措施的努力是非常有必要的。但英国自行车骑手的主管部门——英国自行车协会对英国广播公司发表了以下意见:

"我们非常欢迎在机动车中安装各种安全措施,但大家并不应该完全依靠科技来确保驾驶员和行人的安全。能扭转当前局面的举措是把对自行车骑手的关注纳入驾驶执照考试的强制环节。英国自行车协会将继续努力,使机动车驾驶员能够如同观注摩托车骑手那般观注自行车骑手。"

沃尔沃公司还在考虑其他的安全提升措施。2013年该公司推出了第一款在引擎盖下方装备了安全气囊的车型。当前保险杠上的传感器探测到车辆与行人接触时,安全气囊将充气展开并尽可能地遮挡前挡风玻璃。从长期应用来看,很多汽车公司的工程师已经开始在野生动物园进行实验以研究动物习性,以便能够更好地开发在汽车行进过程中识别马和鹿等动物的技术。这是美国康涅狄格州机动车驾驶人需要严肃对待的问题,因为近年来涉及鹿的交通事故呈现出了增长趋势,已经成为当地社区的一个大麻烦。

参考文献

[1] "Volvo Unveils Cyclist Alert-and-Brake Car System," *BBC News* [Online]. Available: http://www.bbc.co.uk/news/technology-21688765 (accessed October 29, 2015).

[2] R. Hamilton "Hot Cars at the 83rd Geneva International Motor Show," *The Baltimore Sun* [Online]. Available: http://darkroom.baltimoresun.com/2013/03/hot-cars-at-the-83rd-

geneva-international/¦1 (accessed October 29, 2015).

[3] "Transportation: Motor Vehicle Accidents and Fatalities," *Statistical Abstract of the United States*: 2012 [Online]. Available: http://www.census.gov/library/publications/2011/compendia/statab/131ed/transportation.html (accessed October 29, 2015).

[4] To learn more about automotive radar systems, see for example: http://spectrum.ieee.org/transportation/advanced-cars/longdistance-car-radar (accessed May 6, 2016).

[5] F. T. Ulaby and U. Ravaioli, *Fundamentals of Applied Electromagnetics*, 7th ed., Prentice Hall, Upper Saddle River, NJ, 2015. The basic operation of a radar is presented in Chapter 10.

8.3 不再稀缺吗

以下是一个测试题：

钕和镝_____。

(a) 都是稀有金属

(b) 都具有强磁性

(c) 主要开采于中国

(d) 以上皆正确

答案：(d) 以上皆正确。这一问题值得我们深入思考。电动汽车、混合动力汽车和海上风力发电机制造领域的从业者非常了解稀土的重要性，因为采用这些材料制成的永磁体是电机的核心器件。根据《麻省理工学院技术评论》(*MIT Technology Review*)的报道，"丰田公司生产一辆普锐斯汽车大约会使用1千克稀土材料，而一座海上风力发电机需要数百千克稀土"，这是因为成分为钕、铁、硼的稀土合金"制成的永磁体强度能够达到同等重量其他材料制成产品的4~5倍"。这篇文章还引用了美国能源部报告(Department of Energy, DOE)的结论："随着电动汽车和海上风力发电场的大规模应用，这些金属材料很快将出现短缺。"

> 知识链接：
>
> 稀土素有"工业黄金"之称，包括镧、铈、镨、钕、钷、钐、铕、钆、铽、镝、钬、铒、铥、镱、镥、钪、钇等17种元素。如文中所述，稀土在电动汽车、风力发电机等产品中发挥着至关重要的作用。此外，由于稀土合金具有耐腐蚀性高、比强度高、抗疲劳和抗磨损性好等优点，在军事领域也得到了广泛应用。

具有讽刺意味的是,虽然稀土材料名字里有"稀"字,但是它们在地壳中的储量实际相当丰富。它们"通常和含有放射性物质的沉积物掺杂在一起——提取这些金属元素不但需要昂贵的工艺,还会产生大量的有害污染物……提取工艺会产生大量盐分。美国加利福尼亚的帕斯山稀土矿在20世纪90年代满负荷运行时,每分钟会产生超过850加仑含盐废水"。该矿由于财务和环境问题而在2002年被迫关闭,但近来由于对稀土金属需求(以及价格)的激增,莫利矿业公司已经恢复生产并声称采用了更环保的提取工艺。

美国能源部能源高级研究计划局(Advanced Research Project Agency for Energy,ARPA-E)支持了14项"关键技术中的稀土替代品"(Rare Earth Alternatives in Critical Technologies,REACT)项目,目标是开发"高性价比的稀土替代品……REACT项目将识别低成本且储量丰富的稀土替代品,从而更高效地支撑现有技术的发展"。

除了材料科学之外,欧洲和日本的研究者也在探索舍弃永磁体的电机设计方法。一种方案为开关阻磁电机技术,"这一概念源于100多年前,但直到近年来才有望开发出实用的高性能产品。将这种新的电机设计与更强大的快速切换半导体芯片相结合,可以实现阻磁电机所需的更为精密的电子控制系统,从而为电机带来新的创意。"

包括基于新材料的永磁体和舍弃永磁体的新电机设计方法等新兴技术未来能否在电动汽车和风力发电机等领域实现成功的商业应用?现在下定论可能还为时尚早。但令人欣喜的是全球范围内已经有很多政府和私营投资看到了可持续替代技术的重要性。

参考文献

[1] "Reluctant Heroes," *The Economist* [Online]. Available:http://www.economist.com/news/science-and-technology/21566613-electric-motor-does-not-need-expensive-rare-earth-magnets-reluctant-heroes (accessed October 29, 2015).

[2] K. Bourzac, "The Rare-Earth Crisis," *MIT Technology Review* [Online]. Available:http://www.technologyreview.com/featuredstory/423730/the-rare-earth-crisis/ (accessed October 29, 2015).

[3] "Rare Earth Alternatives in Critical Technologies (REACT)," *ARPA-E* website [Online]. Available: http://www.arpa-e.energy.gov/? q=arpa-e-programs/react (accessed October 29, 2015).

[4] "An Impossible Dream?" *The Economist* [Online]. Available: http://www.economist.com/blogs/babbage/2012/03/rare-earths-and-high-performance-magnets (accessed October 29, 2015).

[5] B. Reddall and J. Gordon, "Analysis: Search for Rare Earth Substitutes Gathers Pace," *Reuters* [Online]. Available: http://www.reuters.com/article/2012/06/22/us-rareearths-alternatives-idUSBRE85L0YB20120622 (accessed October 29, 2015).

[6] To learn more about the basics of electric motors, see for example: http://electronics.howstuffworks.com/motor.htm (accessed May 6, 2016).

[7] W. H. Hayt and J. A. Buck, *Engineering Electromagnetics*, 8th ed., McGraw-Hill, New York, 2012. Magnetic materials are discussed in Chapter 8.

[8] F. T. Ulaby and U. Ravaioli, *Fundamentals of Applied Electromagnetics*, 7th ed., Prentice Hall, Upper Saddle River, NJ, 2015. Magnetic materials are discussed in Chapter 5.

8.4 局部采暖

在20世纪70年代的能源危机发生后,时任美国哈佛大学物理学教授,后来荣获美国国家科学奖章的罗伯特·庞德教授于1980年提出了一项中肯的建议。他认为传统的建筑物供暖方式效率极低,因为在供暖过程中不但需要为居民供暖,实际上也让建筑物内其他部位的温度升高了(可以设想一下多层建筑的中庭)。此外,考虑到使一个房间升至理想温度所需的时间,不管这些空间是否会被使用,它们都将被供暖。庞德教授的想法是将建筑物中的每个房间都视为一个微波腔体,打开隐藏在墙壁开口处的磁控管就可以立即为居民供暖,这样还不会浪费用于加热建筑物内其他部位的能源。

查尔斯·法比莱(1934—2001)和同事决定亲身验证庞德教授的创意。他们采用了一个10英尺的球形金属腔体,将其连接到能够产生500瓦功率的微波源,并在里面放了几把椅子,然后打开了这个"微波炉"。法比莱根据这次成功的实验分析:"可以以低于100美元的价格大量销售这种家用微波供暖系统,从而有效节约采暖成本。"但他也承认:"采用微波为人类供暖需要数十年的讨论和研究,而且还需要一次或多次旷日持久的能源危机出现。"

知识链接:

麻省理工学院SENSEable City Lab开发的Local Warming系统。

庞德教授提出采用微波为人类供暖的建议刚刚取得了一定进展,他认为只为居民供暖的能效远高于为整个房间供暖的能效,这一真知灼见已经得到了其他人的认可。身为建筑师和工程师的麻省理工学院可感知城市实验室(SENSEable City Laboratory at MIT)主任卡洛·拉蒂博士最近开展的"局部供暖"项目显然是从庞德的创意中获得了灵感——"坐在饭店外,就可以通过蘑菇形的红外加热器取暖",采用通过伺服电机控制的光学装置将红外线灯(或红外LED阵列)的热量对准那些在大厅里工作的人们。系统还采用基于Wi-Fi的传感器来追踪供暖对象,这一概念在美国麻省理工学院正门走廊以及2014年秋季在意大利威尼斯举行的第14届国际建筑展中都得到了验证。拉蒂博士估计在建筑物中庭这样的大型空间中,"局部供暖"技术较传统供暖方式可以节约90%的能源。

将"局部供暖"技术与智能手机中的应用程序相结合,每个人都可以被LED阵列供暖并达到预定的温度。拉蒂博士说:"这就好似你随身带着一个小太阳一般。"这让我想到了克什米尔地区的一种传统取暖工具——"炭火盆"(kangri),一种外面裹着柳条、里面装着木炭的瓦盆,人们把它挂在脖子上取暖。当然,与美国麻省理工学院的方案有所不同,克什米尔的炭火盆没有Wi-Fi信号。

参考文献

[1] Robert Vivian Pound [Online]. Available: http://news.harvard.edu/gazette/story/2012/10/robert-vivian-pound/ (accessed October 29, 2015).

[2] C. R. Buffler, "Whole body microwave heating of humans and livestock," *Harvard Graduate Society Newsletter*, pp. 11-13, Summer 1988.

[3] "In the Moment of the Heat," *The Economist* [Online]. Available: http://www.economist.com/news/technology-quarterly/21615065-one-way-keep-warm-heat-people-rather-expending-energy-heating (accessed October 29, 2015).

[4] B. Kinu, "Kashmiri Kangri-An Age-Old Device for Keeping Warm" [Online]. Available: http://www.demotix.com/news/920229/kashmiri-kangri-age-old-device-keeping-warm|media-919991 (accessed October 29, 2015).

小测验

_____能够实现有效的加热。

(a) 微波

(b) 超声波

(c) 红外辐射

(d) 以上皆正确

答案:(d) 以上皆正确

这个问题主要是为了提醒大家,高密度微波的热效应与其他传统的热源相比没有本质不同。例如,热水沐浴或射频/微波能都可以用于热疗,相当于医院里对生物组织加热的疗法。

来源:R. Bansal, "Pop quiz: EMF and your health," IEEE Potentials, pp. 3-4, August/September 1997.

8.5 射频识别技术即将广泛普及

10年前在芝加哥举行的一次主题为零售系统的会议上,沃尔玛公司首席信息官琳达·迪尔曼进行了发言,听者云集乃至很多人不得不站着聆听。她在这次演讲中既没有推广打折季中即将推出的售价仅为99.99美元的高清电视机,也没有阐述公司在移民和劳工问题上的立场,而是宣布几年内公司排名前100

位的供应商将需要提供栈板级(pallet-level)和包装箱级(carton-level)射频识别标签。

射频识别技术

根据自动识别与移动协会(Automatic Identification and Mobility)网站的介绍,射频识别(RFID)技术能够快速且方便地自动收集产品的位置、时间和交易数据,具有不需人工干预和避免错误的优点。射频识别系统中读写器设备的主要功能是用天线发射无线电能量,以对电子标签进行识读。电子标签中没有电池,只接收射频信号的能量,用来提取存储在集成电路中的数据并将其发送给读写器,这样数据就可以输入计算机进行处理。

简史

兰特在《射频识别技术史》中介绍了RFID技术发展历程中的里程碑事件:

20世纪40年代,斯托克曼的论文《采用反射功率进行通信》(*Proceedings of the IRE*)中总结道:"在解决反射功率通信中遗留的基本问题和探究有用的应用领域之前,已经进行了大量的研究和开发工作。"

20世纪50年代,唐纳德·哈里斯的专利"采用可调制无源应答机的无线电传输系统",专利号为US2927321。

20世纪60年代,温丁的发明专利"识读-应答识别系统"。早期的商业产品采用了1比特标签,而是否能够识别出标签的存在是电子防盗(Electronic Article Surveillance,EAS)系统的重要组成部分。

20世纪70年代,凯勒、德普和弗莱曼等1975年发表的论文"采用背向散射调制技术且用于电子识别的短距离无线电遥测"。雷神公司(1973年的"Raytag")、美国无线电公司(施特则1977年发明的电子牌照)、通用电气公司等都参与到这项技术的开发中。

20世纪80年代,挪威首次采用了基于RFID技术的收费系统。

20世纪90年代,电子收费系统得到大规模普及应用,这其中包括美国的E-Z公路电子收费系统。单芯片微波RFID标签也得以开发。

射频识别技术的前景

市场分析专家克里斯托弗·布恩说:"我们仍处在RFID技术的早期发展阶段,目前能做的工作还相当有限。"随着能够实现对一次性提取板条箱和货架上花生酱罐子等物品追踪能力的实现,RFID技术将展示出"实时供应链可视化"的巨大潜能。RFID技术的支持者认为"射频标签对于这10年而言就如同20世纪90年代的互联网技术,必将对商业带来革命性的变化"。

障碍

然而,在实现RFID技术的巨大潜能之前,尚需解决以下几个技术障碍。

(1) 可靠性:由于运行环境中的射频噪声(如尼龙传送带引起的射频噪声),射频标签目前还达不到通用产品代码(Universal Product Code,UPC)标签99%的可靠率。

(2) 成本:很多分析师认为,RFID技术得以大规模应用的前提是标签的价格(大批量生产)应从目前的每件20~30美分降至每件5美分以下,这还不包括将制造和零售系统中的UPC标签更换为RFID标签所带来的前期费用。

(3) 标准:目前的协议相互竞争且互不兼容。

(4) 安全性:由于早期RFID技术曾用于库存管理,有人担心射频标签会泄露用户资料。公民隐私论者也担心政府采用该技术监控公民。关于这一点,我要强调的是RFID技术的作用距离很短(几厘米到几米),也不可能用于卫星的监测。

结论

与其他新兴技术一样,RFID技术当前面临的问题都将逐渐得以解决,如价格将随着市场容量的增加而下降,统一的标准将随着市场整合而出现。虽然很多今日在推广RFID技术的小型公司恐怕撑不到市场最终做大的那一天,但既然像沃尔玛这样的大客户都在积极地尝试,RFID的未来前景可期。

参考文献

[1] "The commercial market," *Microwave Journal*, p. 65, September 2003.

[2] The website for AIM [Online]. Available:http://www.aimglobal.org/? page = About_AIM

(accessed October 29, 2015).

[3] The website for Transcore [Online]. Available: https://www.transcore.com/literature (accessed October 29, 2015).

[4] "Radio Tags Face Technical Hurdles, Deadlines," The Age [Online]. Available: http://www.theage.com.au/articles/2003/11/12/1068329599083.html? from=storyrhs (accessed October 29, 2015).

[5] For the "RF" aspects of an RFID, see for example: D. Dobkin, *The RF in RFID*, 2nd ed., Newnes, 2012.

8.6 射频识别技术面临的网络风险

时任EMC创新网络主任的伯特·卡里斯基曾经说过:"在不同的人看来,RFID技术要么能够使梦想成真,要么会成为最可怕的梦魇。"大家也普遍担忧在未来充斥RFID标签的"老大哥"社会中,是否真的会发生侵犯个人隐私的问题。在2006年IEEE普适计算与通信国际会议(Pervasive Computing and Communications,PERCOM)上,一篇题为《您家的猫是否已经感染了计算机病毒?》的获奖论文更是激起了大家对RFID技术的担忧,该文章首次介绍了RFID病毒的设计问题,并阐述了RFID恶意软件(如蠕虫、病毒、网络钓鱼等)的可行性。

一套RFID系统由两个部件组成:可移动的识读器和通常以嵌入或粘贴的方式附着在跟踪目标(如机场传送带上的行李,或一只宠物)上的微小标签。荷兰阿姆斯特丹自由大学的研究者展示了如何利用微小的RFID标签来传播恶意计算机代码。由于标签的存储量非常有限(通常小于1024比特),大家一般并不认为它们是将病毒传播给与RFID识读器相连的计算机的合适载体。

怀疑者并不认为这种资源有限的标签能否发起攻击,然而荷兰阿姆斯特丹自由大学的研究者则回应说RFID攻击"与资源相比更依赖于创造力"。特别值得关注的是"操控存储量不足1000比特的标签数据可以利用RFID中间软件的安全漏洞破坏安全性,从而感染计算机乃至整个网络"。这些研究者还提到可以利用标签开展缓冲区溢出、代码插入和结构化查询语言（Structured Query Language,SQL）注入等行为。文章最后详细介绍了如何在只有127个字符的低成本标签上实现RFID计算机病毒的传播。

为了使其观点更有说服力，里巴克等设想了一个兽医诊所的场景。最初兽医诊所的RFID宠物识别系统会显示异常，例如：宠物的地址信息出现错误；一段时间之后宠物（可写）RFID标签中的信息将被擦除；最夸张的情况是诊所中的计算机屏幕将定格并显示"你们的宠物都是我的"这样可怕的文字。在另一个案例中，作者们展示了一台感染了蠕虫病毒并粘贴在一件行李上的标签不但能够传播给机场中的其他行李（标签），而且"当到达其他机场后这些标签还将被扫描，在24小时内全球数百个机场将感染计算机病毒"。

RFID产业的从业者普遍对荷兰研究者的说法持怀疑态度。*RFIDUpdate*杂志的一篇文章称："这些研究者的主张依赖一个关键的前提——存储在RFID标签中的信息应该能够被识读器解读为可执行命令。但现实是这些标签的内容不可能被解读为可执行代码，它们只会被解读为类似数字这样的原始数据。否则，一个可以解析标签数据的RFID系统就会依赖一个糟糕的、不安全的设计，这显然打破了基本的、公认的系统工程设计原则。"我得为荷兰的研究团队说句公道话，应该注意的是这篇论文在展示了如何利用RFID中间软件发起攻击之后，还列出了可以保护计算机系统免受恶意软件攻击的详细步骤。IEEE《科技纵横》（*Spectrum*）杂志2007年3月刊的封面上刊登了一位RFID发烧友的新闻，他把RFID标签植入到了手掌中以实现开门、锁车和登录计算机等功能。里巴克的论文值得那些热衷于RFID新技术的人们深入思考。

参考文献

[1] R. Bansal, "AP-S turnstile: coming soon to a Wal-Mart near you," *IEEE Antennas and Propagation Magazine*, vol. 45, no. 6, pp. 105–106, December 2003.

[2] R. Bansal, "Microwave surfing: now you see it and now you don't," *IEEE Microwave Magazine*, vol. 5, no. 4, pp. 32–34, December 2004.

[3] M. Rieback, B. Crispo, and A. Tanenbaum, "Is Your Cat infected with a Computer virus?"

Proceedings of the Fourth Annual IEEE International Conference on Pervasive Computing and Communication(PERCOM'06), March 13-17, 2006, Pisa, Italy. Available online at http://www.rfidvirus.org/ (accessed October 30, 2015).

[4] W. Knight, "RFID Worm Created in the Lab," *New Scientist*, March 15, 2006. Available online at http://www.rfidvirus.org/ (accessed October 30, 2015).

[5] "The Industry Reacts to RFID Virus Research," *RFIDUpdate*, March 20th 2006.

[6] For the "RF" aspects of an RFID, see for example: D. Dobkin, *The RF in RFID*, 2nd ed., Newnes, 2012.

8.7 无线充电技术的未来

当人们一边用轻薄的笔记本电脑上网,一边用手机和朋友打电话聊天时,这一切都离不开无线网络技术的支撑。但笔记本电脑和手机用一会可能就没电了,这时不得不去寻找合适的电源适配器,并把它们插到电源插座上。人们一定在想,如果能以无线的方式为这些设备充电该有多好。

几年前,英国的 Splashpower 公司看准了这一方向,设计了一款只需把便携式电子设备放在名为 SplashPad 的装置上即可充电的系统。当 SplashPad 插到墙上后,便携式电子设备就会以"无线"的方式接收能量,避免了寻找专用电源适配器的麻烦。如果电磁感应之父法拉第有幸看到这一发明,他一定会感到欣慰。但法拉第也说过:"如果事物遵循自然法则的话,它注定不可能过于完美。"而 Splashpower 公司于 2008 年宣告破产时尚未能推出任何商业产品。

Splashpower 公司的技术可能有点过于超前。但对于那些无线充电领域的其他玩家而言,电磁感应耦合技术仍然充满了吸引力。问题的关键在于,如何说服制造商放弃他们的专用适配器,将感应充电模块集成到他们的产品中——这就是无线充电联盟(Wireless Power Consortium, WPC)发挥作用之处。成立于 2008 年底的国际无线充电联盟是由认识到无线充电技术重要潜力的各行业主要制造商发起的组织,它聚焦于接近充电站条件下向产品发射功率的无线充电技术,这样发射机能够安全而高效地将能量输送给接收机。

该联盟还致力于建立开源标准,有了无线充电技术的通用标准之后,采用同样标准的电子产品和充电站将能够互相识别且彼此兼容。联盟中有200多家会员,包括戴尔、三星、得州仪器和富尔顿创新公司(获得了 Splashpower 公司的资产)等。

尼古拉·特斯拉在19世纪追逐的以及近年来美国能源部和美国航空航天局(是否还记得20世纪70年代提出的空间太阳能电站(SPS)系统?)追逐的远距离无线能量传输(wireless power transmission,WPT)的梦想至今依然盛行。位于匹斯堡的 PowerCast 公司近来开发出了一系列基于射频能量收集的无线充电产品,有望以"数米范围内毫瓦级"和"数米范围内瓦级"的功率为低功耗的无线照明设备和传感器充电。然而,在中等距离下为手机和笔记本电脑充电的射频功率由于可能对人体健康造成的危害而不符合无线电监管要求。硅谷的一家初创企业——PowerBeam 公司虽然用低功率激光波束替代了无线电波,但依然可能遇到无线电监管问题。

知识链接:

尼古拉·特斯拉(Nikola Tesla,1856—1943年)出生于奥地利帝国,1884年移民美国并加入美国国籍。他被公认为电力商业化的重要推动者,并因设计现代交流电供电系统而最为人知。特斯拉在电磁场领域有着多项革命性的发明。他的多项专利以及电磁学理论研究工作是现代无线通信和无线电的基石。1960年,国际度量衡大会将磁通量密度的国际单位制命名为特斯拉,以纪念他为电磁技术做出的杰出贡献。马斯克将他的电动汽车公司命名为特斯拉,也是为了向伟大的科学家和工程师——尼古拉·特斯拉致敬!

那么无线充电技术未来是否能够成为现实?我的答案是保持谨慎乐观的态度,同时出门别忘了带上所有的电源适配器。

知识链接：

空间太阳能电站（space power satellite）概念最早由美国麻省里特咨询公司的工程师彼特·格拉斯提出，为此他还申请了专利 US 3781647 "Method and Apparatus for Converting Solar Radiation to Electrical Power"并出版了专著。根据他的设想，人类将在地球同步轨道建设面积达数十平方千米的太阳能电站，将太阳能转化为电磁波后传回地球。在"碳中和""碳达峰"的背景下，空间太阳能电站有望以清洁的方式解决人类的能源需求，因而吸引了众多国家的关注和投入。当然，尽管人类在空间技术领域取得了长足进步，空间太阳能电站技术的难度还是非常巨大的，有赖于未来在轨组装和制造等技术的成熟以及发射成本的大幅下降。重庆大学杨士中院士、西安电子科技大学段宝岩院士等专家学者一直在推动这项技术的发展和应用，例如杨士中院士推动了无线微波传能技术的成熟，段宝岩院士提出了 SSPS-OMEGA 等新方案。

参考文献

[1] R. Bansal, "AP-S turnstile: cutting the cord," IEEE Antennas and Propagation Magazine, vol. 49, no. 1, p. 150, February 2007.

[2] "One Charging Pad Could Power Up All Gadgets," New Scientist [Online]. Available: https://www.newscientist.com/article/dn6891-one-charging-pad-could-power-up-all-gadgets/ (accessed October 30, 2015).

[3] "Adaptor Die," The Economist [Online]. Available: http://www.economist.com/node/13174237 (accessed October 30, 2015).

[4] Wireless Power Consortium website [Online]. Available: http://www.wirelesspowerconsortium.com/ (accessed May 6, 2016).

[5] J. McSpadden and J. Mankins, "Space solar power programs and microwave wireless power transmission technology," IEEE Microwave Magazine, pp. 46-57, December 2002.

[6] Powercast company website [Online]. Available: http://powercastco.com/ (accessed October 30, 2015).

[7] PowerBeam company website [Online]. Available: http://www.powerbeaminc.com/ (accessed October 30, 2015).

8.8 电磁污染还是可持续能源？

电磁污染(术语)：广播塔、雷达站和微波设备产生的并在大气中传播的非电离辐射，以及家用电器和电力传输线周围的磁场，这些也称为电磁烟雾效应，会对人体和环境产生有害影响。

上面字典中的定义说明人为产生的电磁辐射常常伴随着污染或烟雾这样的恶名。由于工程师们一直致力于将各种垃圾转化成有用的能源(如将地沟油制成生物柴油)，对我们周围广泛存在的电磁波这一新能源的利用也只是一个时间问题。例如，根据2010年《纽约时报》(*The New York Times*)的报道，马特·雷诺兹和约亨·泰泽发明了一种名为SmartHat的智能安全帽，能够在佩戴者身边存在危险施工设备的情况下发出警告提示。智能安全帽包括微处理器和位于面罩下方的报警器，里面的电路无需电池，微处理器会从周边的射频场中收集能量。这样，射频场就成为安装在推土机和挖掘机上以追踪设备位置为目的的无线网络发射机的副产品。首先，智能安全帽中的微处理器将监测施工设备的射频信号场强，并在设备过于接近的情况下向佩戴者发出警报。此外，微处理器还将从周围的射频场中采集自身所需的能量。

在这篇文章所报道的另一个应用中，英特尔公司和华盛顿大学的团队研发了一款温湿度传感器，该传感器能够从几英里外的电视广播天线所辐射的电磁场中获取能量。当然，这些技术都只能满足毫瓦级低功率应用场景。虽然乍一看不起眼，但这已经能够满足很多产品的需求，比如普通的太阳能计算器只需要5微瓦功率。

上述应用与PowerCast公司能量收集装置的区别在于，PowerCast公司的现有产品采用了专用的射频发射单元。但是，PowerCast公司预见到了未来产品需要具备能够从周围的移动通信基站、电视和无线电发射机、微波通信设备和手机等常见射频源的辐射信号中捕捉无线电波的能力。

这一切对于无线传输技术的先驱人物马可尼而言并不意外。他在1912年接受《技术世界杂志》(*Technical World Magazine*)采访时预言:"未来两代人不仅拥有无线电报和电话,他们还将能够将无线能量传输技术用于企业和个人,实现无线采暖和照明,并通过无线的方式为土地施肥。"

参考文献

[1] "Electropollution," Dictionary. com [Online]. Available: http://dictionary. reference. com/browse/ electropollution? &o = 100074&s = t (accessed October 29, 2015).

[2] A. Eisenberg, "Bye-Bye Batteries: Radio Waves as a Low-Power Source," The New York Times, July 18, 2010.

[3] Powercast company website [Online]. Available: http://powercastco. com/ (accessed October 29, 2015).

[4] I. Narodny, "Marconi's Plans for the World," Technical World Magazine, October 1912, pp. 145-150 [Online]. Available: http://earlyradiohistory. us/1912mar. htm (accessed October 29, 2015).

你知道吗?

小测验(八)

本章的习题全部选自2008年IEEE微波杂志的专题文章。

1. 人们普遍认为对致力于微波无源器件的研发部门而言,_____是至关重要的。

(a)经验模型

(b)电磁场三维数值仿真

(c)加工硬件产品并测量其 S 参数

(d)以上皆不是

2. 如今_____已经成为微波设计流程中的关键环节。

(a)数字仿真

(b)电磁学

(c)非线性电路理论

(d)以上皆不是

3. 射频 BAW 滤波器和 SAW 滤波器中,最常见的滤波器形式是一致的,即_____。

(a)梯形网络

(b)π形网络

(c)T形网络

(d)以上皆不是

4. 第二种已知的无芯片 RFID 标签采用了_____材料,该材料是微小的化学物质颗粒。

(a)各向同性

(b)顺磁

(c)纳米

(d)以上皆不是

5. 在数字通信中,持续的_____指标常被作为测量系统性能的基准。

(a)数据速率

(b)误码率

(c)带宽

(d)以上皆不是

6. 无线传播的改善无法达到在_____中传播那样的改善程度。

(a)同轴电缆

(b)波导

(c)玻璃光纤

(d)以上皆不是

7. 估算在一颗芯片上,_____的引脚都连接到指定信号通路上,也不是不合理的。

(a)20%~30%

(b)50%~60%

(c) 80%~90%

(d) 以上皆不是

8. 单模光纤主导着地面远距离通信的原因是其损耗可以低至_____。

(a) 0.02 分贝/千米

(b) 0.2 分贝/千米

(c) 2 分贝/千米

(d) 以上皆不是

9. _____管会迅速成为射频(功率放大器)产业中的首选方案。

(a) Doherty

(b) Darlington

(c) CMOS

(d) 以上皆不是

10. 过去 100 年里无线电通信主要依靠_____实现无线传输中的信号调制与解调。

(a) 真空管

(b) 半导体器件

(c) 非线性器件

(d) 以上皆不是

答案：

1. (b) 电磁场三维数值仿真

来源：T. Weiland, M. Timm, and I. Munteanu, "A practical guide to 3-D simulation", IEEE Microwave Magazine, vol. 9, pp. 62-75, December 2008.

2. (b) 电磁学

来源：J. Rautio, "Shortening the design cycle," IEEE Microwave Magazine, vol. 9, pp. 86-96, December 2008.

3. (a) 梯形网络

来源：F. Bi and B. Barber, "Bulk acoustic wave RF technology," IEEE Microwave Magazine, vol. 9, pp. 65-80, October 2008.

4. (c)纳米

来源：S. Preradovic, N. Karmakar, and I. Balbin, "RFID transponders," IEEE Microwave Magazine, vol. 9, pp. 90-103, October 2008.

5. (a)数据速率

来源：S. Chia, T. Gill, L. Ibbetson, D. Lister, A. Pollard, R. Irmer, et al., "3G evolution," IEEE Microwave Magazine, vol. 9, pp. 52-63, August 2008.

6. (c)玻璃光纤

来源：D. Cox and H. Lee, "Physical relationships," IEEE Microwave Magazine, vol. 9, pp. 89-94, August 2008.

7. (a) 20%~30%

来源：T. G. Ruttan, B. Grossman, A. Ferrero, V. Teppati, J. Martens, "Multiport VNA measurement," IEEE Microwave Magazine, vol. 9, pp. 56-69, June 2008.

8. (b) 0.2分贝/千米

来源：S. Iezekiel, "Measurement of microwave behavior in optical links," IEEE Microwave Magazine, vol. 9, pp. 100-120, June 2008.

9. (a) Doherty

来源：R. Sweeney, "Practical magic," IEEE Microwave Magazine, vol. 9, pp. 73-82, April 2008.

10. (c)非线性器件

来源：R. G. Bosisio, Y. Y. Zhao, X. Y. Xu, S. Abielmona, E. Moldovan, Y. S. Xu, et al., "New-wave radio," IEEE Microwave Magazine, vol. 9, pp. 89-100, February 2008.

第 9 章
通信系统

小即是美。

——恩斯特·舒马赫(1911—1977)

9.1 小即是美

美国国会一直在就政府的预算问题而争论不休,这让我很自然地想到本节的标题可以借用英国经济学家恩斯特·舒马赫的经典文集《小即是美:一本把人当回事儿的经济学著作》。然而,在此我关心的不是政府预算的规模,而是天线的尺寸。我在几十年的职业生涯中,无数次被问到既然集成电路工程师能够顺应摩尔定律、不断使器件小型化,为什么天线工程师不能复刻微电子领域的传奇,让我们摆脱数十年前发明的"兔耳朵"电视天线?我只能回答,我们确实做了很多工作,例如现在已经看不到手机上的天线,手机却比以前功能更为强大。但事实并非如此,无论是安装在屋顶的反射面天线,还是空间探测器上的通信天线,尚未能突破麦克斯韦方程组施加给天线工程师的波长限制。由于这些固有限制的存在,天线工程师只能继续在给定物理空间内继续"榨取"更好的天线性能。微小卫星上的天线就是一个典型案例。

知识链接：

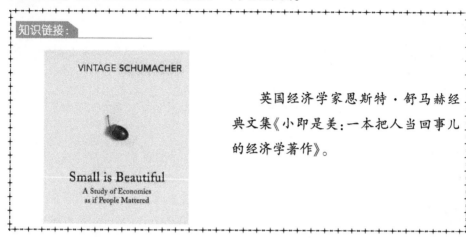

英国经济学家恩斯特·舒马赫经典文集《小即是美：一本把人当回事儿的经济学著作》。

立方星是鞋盒大小、重约数磅的航天器，往往寄宿在其他大型空间飞行器发射任务中进入太空，从而能够以相对低廉的成本将科学装置送入预定轨道。当然，立方星的体积大大限制了天线尺寸，进而限制了系统的数据速率和通信范围（距离地球300~1000千米的低轨道）。使用立方星执行星际飞行任务受到科学家的极大关注，当然这些任务需要更大尺寸的天线。美国喷气推进实验室（JPL）亚历山德拉·巴布西亚博士带领的团队致力于开发基于聚酯薄膜（薄膜厚度约50微米）的充气天线，发射前的收纳体积为10厘米^3，入轨后充气展开成口径1米的天线。

充气天线曾在以往的航天任务中得到应用，但当时需要使用复杂的压力阀系统。新的天线设计方案依赖于气球内储存的少量苯甲酸粉末，这些粉末在太空的减压环境中将升华并使气球膨胀。美国航空航天局在20世纪60年代曾将升华技术用于气球卫星，而当前则是用于通信天线。

虽然充气展开天线已在真空罐中进行了测试，其辐射性能也得以验证（相关成果发表在2014年的IEEE航空航天会议上），但评估在太空环境下微小空间碎片穿透充气天线的影响仍需继续研究。仿真结果表明，即使存在小的泄漏，天线仍可在数年内保持膨胀状态；与目前的立方星天线相比，充气天线能够将传输速率和传输距离分别提升10倍和7倍。天线与更大尺寸空间碎片碰撞的效应仍有待进一步研究。

知识链接：

美国航空航天局20世纪50年代研制的充气展开"回声"(Echo)卫星——直径为30.5米的被动式通信卫星。尽管这种通信体制后来很快被有源通信卫星淘汰，但研究工作却为空间充气展开技术的发展奠定了基础。

参考文献

[1] E. F. Schumacher, Small Is Beautiful: A Study of Economics As If People Mattered, Vintage, New Ed edition (1993).

[2] J. Dacey, "Inflatable Antenna Could Send Tiny Satellites Beyond Earth Orbit," Physicsworld [Online]. Available: http://physicsworld.com/cws/article/news/2013/sep/17/inflatable-antenna-could-send-tiny-satellites-beyond-earth-orbit (accessed December 17, 2015).

[3] A. Babuscia, B. Corbin, R. Jensen-Clem, M. Knapp, I. Sergeev, M. Van de Loo, et al., "CommCube 1 and 2: A CubeSat series of missions to enhance communication capabilities for CubeSat," 2013 IEEE Aerospace Conference Proceedings, pp. 1-19. DOI: 10.1109/AERO.2013.6497128.

[4] R. M. Rodriguez-Osorio and E. F. Ramirez, "A hands-on education project: antenna design for inter-CubeSat communications," (Education Column), IEEE Antennas and Propagation Magazine, vol. 54, no. 5, pp. 211-224, October 2012.

[5] To learn more about cubesats, see for example: http://www.cubesat.org/ (accessed May 9, 2016).

[6] W. H. Hayt and J. A. Buck, *Engineering Electromagnetics*, 8th ed., McGraw-Hill, New York, 2012. Antennas are discussed in Chapter 14.

[7] F. T. Ulaby and U. Ravaioli, *Fundamentals of Applied Electromagnetics*, 7th ed., Prentice Hall, Upper Saddle River, NJ, 2015. Antennas are discussed in Chapter 9. Satellite commu-

nication systems are discussed in Chapter 10.

9.2 吉比特 Wi-Fi

IEEE 汇刊(*Proceedings of the IEEE*)在 2012 年出版的第 100 卷总结了 20 世纪电子电气技术的发展进程。这一年也是一个新的子刊——IEEE 太赫兹科技汇刊(*IEEE Transactions on Terahertz Science and Technology*)诞生的周年纪念。电磁频谱跨越了 300 吉赫~30 太赫的太赫兹频段在世界各地尚未受到严格管制,一度被视为通信领域的巨大荒漠。这是因为太赫兹信号的生成和检测需要笨重、昂贵且耗电的设备,在空气传输时会发生严重的衰减,并且当时对其宽频带优势的应用需求尚不迫切。由于空气分子吸收太赫兹电磁波的物理机理无法改变,即便使用增益非常高的天线也难以实现千米级的远距离无线太赫兹信号传输。但最近情况发生了变化,业界对太赫兹通信的兴趣日益浓厚。顺便需要指出,太赫兹频段也可用于科学研究、安保和生物医学领域的成像应用。

首先来看太赫兹频段的宽带通信带宽需求。曾有人预测无线设备的通信流量可能很快就会超过有线设备的通信流量。此外,很多通信流量很可能只需进行短距离传输,例如数据中心服务器之间的高速无线链路、从视听设备机柜向高清电视传输媒体信息以及手持设备之间的超高速无线传输等应用场景。为开拓太赫兹设备的市场,我们需要开发体积小(适合集成到智能手机中)、功耗低(可充电电池)且成本低廉的发射机和接收机器件。日本东京工业大学的研究人员已接近实现这些目标。

东京工业大学的团队展示了工作在频率 542 吉赫无线链路且能实现 3 吉比特/秒数据传输速率的成果,这相比芯片制造商 Rohm 在 2011 年 11 月公开的 1.5 吉比特/秒传输速率翻了一番。这一传输速率仅限于 10 米量级的距离,但已经可以满足大户型住宅的需求。日本太赫兹系统的核心在于采用了一个专门开发的共振隧穿二极管(RTD)作为振荡器,从而取代了传统量子级联激光器一类的复杂太赫兹信号源。这很容易让人想起 2011 年 12 月由 IEEE-USA 与美国联邦通信委员会(FCC)工程和技术办公室共同主办的"太赫兹技术:无线电的下一个前沿"会议。会上美国电话电报

(AT&T)公司大卫·布里茨对太赫兹通信技术的潜力进行了介绍,感兴趣的读者可以观看他的讲座视频。

参考文献

[1] T. Schneider, A. Wiatrek, M. Grigat, and R. -P. Braun, "Link budget analysis for terahertz communication," *IEEE Transactions on Terahertz Science and Technology*, vol. 2, no. 2, pp. 250-256, March 2012.

[2] J. Keene, "Japanese Researchers Break the Terahertz Wireless Transmission Speed Record," *The Verge* [Online]. Available:http://www.theverge.com/2012/5/16/3023676/terahertz-wireless-record-3gbps-tokyo-university (accessed December 17, 2015).

[3] "Milestone for Wi-Fi With 'T-Rays'," *BBC News* [Online]. Available:http://www.bbc.co.uk/news/science-environment-18072618 (accessed December 17, 2015).

[4] "Terahertz Technology: Terahertz Wireless Communication," *AT&T Tech Channel* [Online]. Available:http://techchannel.att.com/play-video.cfm/2012/1/19/Conference-TV-Terahertz-Technology:-Terahertz-Wireless-Communication1 (accessed December 17, 2015).

[5] The full range of the electromagnetic spectrum is displayed at, for example:http://earthsky.org/space/what-is-the-electromagnetic-spectrum (accessed May 9, 2016).

9.3 开放频谱:公地的悲剧?

"想象一个向所有人开放的牧场。可以预料,每个牧民将在公地尽可能养更多的牛……过度放牧的后果则由所有牧民来共同承担……悲剧就在于此。"

—— 加勒特·哈丁《公地的悲剧》

当"泰坦尼克号"游轮遇险后,附近的船只没有及时对其求救信号做出反应,为此有人呼吁政府对电磁频谱("公地")进行监管。1912年美国《无线电法案》要求所有广播公司向政府登记备案。针对广播公司的游说,美国政府于1927年组建了联邦无线电委员会,并在7年后改组为联邦通信委员会(FCC)。建立这一机构的目的是以独占许可的方式向广播公司发放良好隔离的无线电频段("单独围挡起来的牧场"),以避免干扰信号的噪声("悲剧")。由于早期的无线电接收机不能很好地区分不同的发射机,这种电磁频谱的独占许可似乎是当时唯一可行的方法。

> **知识链接:**
>
>
>
> 古尔亚莫·马可尼(Guglielmo Marconi,1874—1937年),意大利无线电工程师、企业家、马可尼无线电报公司创始人。1909年,他与布劳恩一同获得诺贝尔物理学奖。"泰坦尼克号"游轮当年就装备了马可尼无线电报公司研制的电报系统。

美国联邦通信委员会往往扮演着"圣诞老人"的角色,例如向警察局、消防局等政府部门和电视广播公司等用户慷慨地免费许可电磁频谱资源。到了20世纪90年代,当"黄金"频谱(30~3000兆赫)大部分已被分配殆尽时,美国国会才突然意识到可用带宽的商业价值,并决定将其中的一部分以数十亿美元的价格拍卖给新兴的移动通信行业。因此大家很自然会认为此时的黄金电磁频谱必然严重拥堵。然而有意思的是,加州圣罗莎和匹兹堡进行的实验表明,除了个人通信服务(Personal Communications Service,PCS)和Wi-Fi等少数严重拥挤频段外,大部分黄金频谱只被偶尔用到。此外,许多频段仅服务于非常有限的市场,例如Pax TV(一家UHF广播公司,2007年更名为艾恩电视台)曾经大部分时间都在播放家用电器的商业广告。

现在该重新考虑将电磁频谱作为所有用户都可使用"公共资源"来进行分配了吗?那会不会导致"公地悲剧"发生(混乱的状况使每个人都无法进行可靠的通信)?尽管听起来有些激进,但政府部门至少已经在尝试两种不同的途径来获得更开放的频谱资源。第一种方式是为非授权设备分配特定频段,并制定通用规则来实现不同用户之间的"并生不害"。例如,2.4吉赫和5吉赫Wi-Fi频段就是这一策略的成功应用案例。第二种方法是在现有频段中"共存式共享"(underlay)非授权频谱技术,而不会干扰已授权用户。可以通过使用具有非常低频谱功率密度的信号来实现共存式共享,例如由 FCC 授权的设备用这种方式使用超宽带(UWB)技术。

实现开放频谱的另一个潜在技术是软件/认知无线电。创造了"软件无线电"和"认知无线电"两个术语的约瑟夫·米托拉以如下方式讨论了这两项技术的新进展:

"软件无线电正在成为多频段多模个人通信系统的平台。无线电规范包括射频频段、空中接口、通信协议以及在空间和时间模式上合理使用无线电频谱。认知无线电使用基于无线电领域模型对此类规范的推理扩展了软件无线电。认知无线电通过一种无线电知识表示语言来提高个人服务的灵活性。"

尽管时任 FCC 工程和技术办公室主任的埃德蒙·托马斯承认认知无线电在开放电磁频谱方面具有潜在优势,但他并不认为 FCC 会在短期内开放整个频谱。目前在频谱管理方面,对"公地的悲剧"存在恐惧仍然是主流观点。

参考文献

[1] G. Hardin, "The tragedy of the commons," *Science*, vol. 162, no. 3859, pp. 1243-1248, 1968.

[2] S. Woolley, "Dead Air," Forbes, pp. 138-150, November 25, 2002.

[3] K. Werbach, "Open Spectrum: The New Wireless Paradigm," New America Foundation, Spectrum Series Working Paper #6, October 2002.

[4] J. Jackson, "Breakthrough technologies: using the airwaves more efficiently," Washington Technology, July 15, 2002.

[5] P. Rojas, "Thinking of Radio as Smart Enough to Live Without Rules," The New York Times, October 24, 2002.

[6] J. Mitola and G. Maguire, Jr., "Making software radios more personal," IEEE Personal Communications, vol. 6, no. 4, pp. 13-18, August 1999.

[7] The full range of the electromagnetic spectrum is displayed at (for example): http://earthsky.org/space/what-is-the-electromagnetic-spectrum (accessed May 9, 2016).

[8] To learn more about radio spectrum allocation in the United States, consult the FCC website at: https://www.fcc.gov/engineering-technology/policy-and-rules-division/general/radio-

spectrum-allocation (accessed May 9, 2016).

9.4 近场通信

21世纪初,尽管手机的体积不断缩小,其功能反而越来越强大。但有两点并没有太大变化:一是手机上一般都有一根粗短的天线;二是如果使用耳机,就不得不忍受一根连接耳机和手机的长电线。通过采用内置微带印刷的工艺,天线可以隐藏在手机壳内。依靠近场通信(Near Field Communication,NFC)技术,可以在不牺牲音频质量和数据安全的情况下摆脱手机和耳机之间的这根长电线。

NFC 技术

Aura通信公司(现为Freelinc公司)网站称,尽管几十年前就已经出现了磁感应通信的概念,是Aura通信公司的工程师最早开发和实施了该技术的实用解决方案。NFC可以通过耦合频率为13.56兆赫的极低功耗准静态磁场进行无线通信,而该频率属于全球通用的工业、科学和医疗(ISM)应用频段。可以采用电小环形天线("磁偶极子")等方式产生这种场,而极化分集可实现几乎全向的接收性能。与电偶极子的电场类似(可认为是对偶),在近场区磁偶极子的磁场与距离呈现出 $1/r^3$ 相关性。与我们更为熟悉的远场以 $1/r$ 衰减的射频无线技术(如工作在2.45吉赫的蓝牙技术)相比,这种有限距离范围的快衰落导致系统存在严重缺陷。但在手机或MP3播放器和耳机之间等短通信距离(1~2米)的应用场景中,这种快衰落反而可用来增强用户的个人隐私安全,且不必担心多个用户之间的相互干扰,甚至还可以实现带宽复用。理论上基于准电场的无线链路也应该同样有效,但这种链路的通信质量通常会受到附近导体的影响。相反,磁场则不易受人体或周边非磁性物体影响。

优势

准静态磁场的物理特性能够为采用近场磁感应技术(NFMI)的设备带来许多技术优势,这其中包括:

(1) 更低的功耗:由于信号被限制在非常短的范围内(通常为厘米级),

NFC 设备需要的电量非常低,与蓝牙设备相比在电池电量方面可能具有高达 6 倍的优势。例如,名为 LibertyLink Docker 的早期商用无线耳机采用一节 5 号电池(AA 电池)即可进行数小时的通话。

(2) 可用带宽:由于 NFC 设备不需在拥挤的 2.45 吉赫频段运行,且每个用户都被"封闭"在自己的私人空间中,这非常有利于其实现频率复用。对于 MP3 播放器等流媒体音乐设备而言,想要得到接近有线连接的品质,大致需要能够满足 10^{-5} 误码率(BER)要求的 384 千比特/秒带宽。采用 NFC 技术可以很容易满足多个用户同时工作在同一区域的要求。

(3) 提高可靠性:由于近磁场会随着距离的增加而迅速衰减,NFC 设备不必担心多径衰落的影响。因此,NFC 设备与蓝牙等设备相比,能够提供更好的服务质量。

结论

消费者已经可以得到价格适中(低于 50 美元)的 NFC 产品。2004 年,时任 Aura 通信公司首席执行官的科基纳基斯在接受《纽约时报》采访时表示:"我公司的产品将成为语音和音频个人通信设备中的事实行业标准。"这当然会是一项艰巨的任务,但近磁场短距离通信技术未来前景可期。

参考文献

[1] A. Krauss, "For Audio Players, A Chance to Cut the Cord," *The New York Times*, March 4, 2004.

[2] D. Wolfson, "The LibertyLink Docker Wireless Headset," a product review in *Computing Unplugged*, January 1, 2004.

[3] Aura Communications (now part of Freelinc) website [Online]. Available: http://www.freelinc.com/ technology/ (accessed December 17, 2015).

[4] V. Palermo, "Near-Field Magnetic Comms Emerges," *Electronic Engineering Times*, November 3, 2003.

[5] To learn more about near-field communication (NFC), see for example: http://www.nearfieldcommunication.org/

[6] W. H. Hayt and J. A. Buck, *Engineering Electromagnetics*, 8th ed., McGraw-Hill, New

York 2012. Magnetic dipole antennas are discussed in Chapter 14.

[7] F. T. Ulaby and U. Ravaioli, *Fundamentals of Applied Electromagnetics*, 7th ed., Prentice Hall, Upper Saddle River, NJ, 2015. The field produced by a magnetic dipole is discussed in Chapter 5.

9.5 全新体制的数字电话？

如果有人送你一台质量达 170 吨，通信速率仅为 0.1Hz 的新型数字电话接收机，你会激动不已吗？恐怕不会。但如果这部电话能够真正实现全宇宙覆盖，也就是说无论对方是在地球的深海之下，还是在银河系中外星人国度的某个地方，你都能跟对方保持联系呢？这样的话，我估计你可能会重新考虑一下。

斯坦西尔等学者在《现代物理学快报 A》中发表论文，首次介绍了这种"电话"的成功演示，后来还有一些期刊对此进行了跟进报道。这款电话是在美国伊利诺伊州费米国家加速器实验室工作的一个国际粒子物理学家团队的创意，它使用中微子（不带电、几乎没有质量的粒子）进行数字通信。在实验过程中，一组加速器将产生高能质子束并撞击碳靶，从而产生介子、中介子和其他奇特粒子。这些粒子将穿过一个长 675 米且充满氦气的"衰变管"，其中大多数粒子会衰变成中微子。然后粒子束将穿过长 240 米的岩石层（主要是页岩），这样除中微子外的所有粒子都会被吸收。由于中微子与物质的相互作用极其微弱，它们在几乎没有衰减或散焦的情况下能传播很远的距离并穿过各种物质（包括陆地和海水）。当然，这也给探测中微子带来了挑战，因为需要一个巨大的"接收机"。

实验中使用的 MINERvA 探测器位于距发射源约 1 千米的地下洞穴中。探测器的基本单元是"由平行三角形闪烁带组装而成的六边形平面。完整的探测器有 200 个这样的平面，总质量为 170 吨"。中微子束在探测器表面的截面尺寸为数米。在演示中，大部分检测到的信号来自位于源和探测器之间岩石中的中微子相互作用（导致 μ 介子的产生），小部分信号来自探测器活动区域内的中微子相互作用。

通过控制源的质子束脉冲对中微子束进行编码，使用简单的开关键控方案

("1"表示光束脉冲,"0"表示无脉冲)。每个脉冲的强度为 2.25×10^{13} 个质子,平均而言在探测器上记录的事件仅为 0.81。采用的脉冲宽度为 8.1 微秒,间隔为 2.2 秒。反复传输的第一条消息是"NEUTRINO"这个单词的二进制编码。收到的数据由 3454 条记录组成,时间间隔为 142 分钟。"最终实现了约 0.1 赫的数据传输速率,而中微子通过几百米厚岩石层的误码率低于 1%。"

有学者认为,这种基于中微子的通信系统适用于那些难以采用传统电磁通信的应用场景,如潜艇的水下通信。当然,只有大幅减轻了中微子探测器的重量后,它才有可能得以实用。但是,若要为此摒弃中微子通信这一概念,就应该回顾海蒂·拉玛在 1942 年发明的用于引导鱼雷的跳频无线电控制系统。正如在第 1 章中所介绍的,好莱坞演员拉玛和她的朋友乔治·安泰尔借鉴自动演奏钢琴而提出了实现跳频通信系统的技术方案。安泰尔后来在回忆录中写道:"拉玛和我试着用自动演奏钢琴的案例来向人们更好地阐明这项专利的基本原理。但很显然我们犯了一个错误,华盛顿的那些官僚在审视我们的发明文件时,只看到了'自动演奏钢琴'这几个字"。"'我的天',他们似乎在说,'我们得把自动演奏钢琴装进鱼雷里'……在 1962 年,也就是拉玛-安泰尔专利失效不久之后,为了应对古巴导弹危机,美国海军将跳频保密无线电通信系统部署到了军舰之中。"因此,我认为中微子电话的应用迟早会迎来"拨云见日"的那一天。

参考文献

[1] D. Stancil, P. Adamson, M. Alania, L. Aliaga, M. Andrews, C. Araujo Del Castillo, et al., "Demonstration of communication using neutrinos," *Modern Physics letters A*, vol. 27, no. 4, 2012. DOI: 10.1142/S0217732312500770

[2] "ET, Phone Home," *The Economist* [Online]. Available: http://www.economist.com/node/21550242 (accessed December 17, 2015).

[3] J. Aron, "Neutrinos Send Wireless Message Through the Earth," *New Scientist* [Online]. Available: http://www.newscientist.com/blogs/shortsharpscience/2012/03/neutrinos-send-wireless-messag.html (accessed December 17, 2015).

[4] R. Boyle, "For the First Time, a Message Sent With Neutrinos," *Popular Science* [Online].

Available: http://www.popsci.com/science/article/2012-03/first-time-neutrinos-send-message-through-bedrock (accessed December 17, 2015).

[5] J. Hsu, "Neutrinos May Someday Provide High-Speed Submarine Communication," *Popular Science* [Online]. Available: http://www.popsci.com/military-aviation-amp-space/article/2009-10/neutrinos-may-someday-provide-high-speed-submarine-communication (accessed December 17, 2015).

[6] R. Bansal, "He(a)dy stuff," IEEE Antennas and Propagation Magazine, vol. 39, no. 3, p. 100, June 1997.

9.6 电子对抗

美国总统候选人在竞选过程中不得不忍受很多事情,但人的容忍度毕竟是有限的。当2008年的共和党候选人鲁迪·朱利安尼在艾奥瓦州一场18000人的集会中发表竞选演讲时,周围突然响起手机铃声,而这显然激怒了他。他讲到一半就停了下来,面向这部手机的主人以挖苦的口吻说:"好吧,你可以接听电话。但你不会再打断我演讲了,对吧?"

当然,总统候选人在竞选演讲时被手机铃声干扰的事件并非孤例。一位加利福尼亚州的建筑师乘坐早班火车上班时,不幸遇到邻座的一位年轻女子抱着电话一直喋喋不休。安德鲁并没有采用朱利安尼的方式与其对峙,而是采用了隐蔽的电子对抗措施。他把手伸进口袋,启动了一个烟盒大小的装置。接下来发生的事情甚至会让那些曾经为詹姆斯·邦德提供"神器"的技术奇才感到愉悦。安德鲁衣服中的设备发出无线电信号干扰了半径30英尺(约9米)范围内的所有手机。

很多读者可能已经猜到,手机干扰背后的技术其实并不复杂。该设备发射的无线电信号会严重干扰手机信号,导致手机屏幕上显示"无网络连接"。干扰装置并非针对特定目标,其有效范围内的所有手机都将被屏蔽。这种对抗不需要微波炉那么强的功率就可奏效,销售此类设备的国际网站称产品的辐射功率为20毫瓦。

但手机干扰设备在美国一直是非法的。FCC网站详细介绍了对干扰行为的处罚措施：

"采用发射机干扰或阻止无线通信的行为违反了1934年修订的美国《通信法案》(简称《法案》)第47条第301、302a、333款。该法案禁止任何人故意或恶意干扰根据该法案获得许可或授权或由美国政府运营的任何电台的无线电通信。第47条第333款。禁止制造、进口、销售或以及代销(包括广告)旨在阻止或干扰无线传输的设备。第47条第302a(b)款，违反这些规定的当事人可能会受到第47条第501~510款所规定的处罚。初犯可能会受到高达11000美元的罚款，或长达1年的监禁，而所使用的设备也可能被美国政府扣押并没收。"

尽管如此，海外的出口商报告称美国国内对便携式干扰装置的需求不断增加，每月都有数百台设备被运往美国。电信运营商不仅需要支付数十亿美元从政府租用移动通信所需的频谱资源，而且要继续花费巨资来维护和扩展其网络，因此他们对这些使用干扰装置的行为非常气愤。Verizon公司的一位发言人对《纽约时报》说："无线通信用户对改善蜂窝通信网络覆盖的需求清楚而且强烈，而这类设备却大行其道，这是不合逻辑的。"或许正如丹·布里奥迪在《信息世界》杂志的一篇文章中所说，我们需要的是"手机规范十戒"。例如，他在第二条戒律中写道："不要总把电话铃声设成蟑螂歌(墨西哥民歌)、贝多芬第五交响曲、比吉斯的音乐或者任何其他烦人的旋律。电话每隔1秒响一次还不够吗？"遗憾的是，很少有人会遵从布里奥迪这些所谓理智的戒律。我想起几年前报纸上的一篇标题："西班牙国王让查韦斯'闭嘴'的段子被恶搞成了西班牙最流行的手机铃声。"难道不该用谷歌检索一下"手机干扰器"了吗？

参考文献

[1] "Rudy and Other People's Cellphones," *The Atlantic*: *Daily Dish*[Online]. Available：http://andrew sullivan. theatlantic. com/the_daily_dish/2007/09/rudy-and-other-. html (accessed October 29, 2015).

[2] M. Richtel, "Devices Enforce Silence of Cellphones, Illegally," *The New York Times*, November 4, 2007.

[3] D. Bennahum, "Hope You Like Jamming, Too," *Slate*[Online]. Available：http://www.slate.com/ id/2092059/ (accessed October 29, 2015).

[4] R. Bansal, "Microwave surfing: knock on wood," *IEEE Microwaves Magazine*, vol. 5, no. 1, pp. 38-40, March 2004.

[5] Current version of the applicable FCC regulations [Online]. Available: https://www.fcc.gov/encyclopedia/jammer-enforcement (accessed October 29, 2015).

[6] D. Briody, "The Ten Commandments of Cell Phone Etiquette" [Online]. Available: http://www.appleseeds.org/10-Commands_Cell-Phone.htm (accessed October 29, 2015).

[7] "Spanish King Telling Chavez to 'Shut Up' Becomes Ringtone Hit in Spain," *The Monitor* [Online]. Available: http://www.themonitor.com/news/spanish-king-telling-chavez-to-shut-up-becomes-ringtone-hit/article_43c74a7e-afcb-5aae-8f4f-ff2ec446ec08.html (accessed October 29, 2015).

你知道吗?

小测验(九)

1. 如果使用真空管代替晶体管来制造数字电话,它的体积会与_____相当。

(a) 微波炉

(b) 小型货车

(c) 英国电话亭

(d) 华盛顿纪念碑

2. 假设美国有 2.5 亿手机用户(基于 Statista 公司 2015 年的估算),那么在这 2.5 亿人中每年预计会出现_____新的脑癌病例。

(a) 约 150 人

(b) 约 1500 人

(c) 约 15000 人

(d) 约 150000 人

3. "铱星"的命名是因为其最初计划发射由 77 颗卫星组成的星座(铱原子中的电子数),但这个数量后来减少了。依据这个规则,该系统本应以_____元素来命名。

(a)钇

(b)镝

(c)铯

(d)镭

4. CNET 和 Techies.com 两家网站最近开展了一项民意调查,邀请人们选择 20 世纪的最佳"技术专家"(投票者最多可以选择三位)。无线电之父古列尔莫·马可尼位列_____位。

(a)第一

(b)第五

(c)第十

(d)未进入前十名

5. _____率先在技术文献中使用了现代意义上的"微波"这一术语。

(a)马可尼

(b)谢坤诺夫

(c)瓦里安

(d)卡拉拉

6. _____会产生微波辐射。

(a)人体

(b)太阳

(c)警用雷达

(d)以上皆是

7. 彭齐亚斯和威尔逊因在_____温度下实验发现宇宙微波背景辐射而共同获得诺贝尔奖。

(a)2.7 开尔文

(b)4.2 开尔文

(c)5 开尔文

(d)以上皆不是

8. 在首次太空飞行的 40 年后,地球轨道上的空间碎片已然成了一个大麻烦。美国空军例行追踪着_____太空碎片。

(a) 850 个

(b) 8500 个

(c) 17000 个

(d) 以上都不是

9. _____演唱了《微波之恋》(*Microwave Love*)这首歌。

(a) 披头士乐队

(b) Les Horribles Cernettes 女子乐团

(c) 绝对零度乐队

(d) 以上皆不是

10. 好莱坞黄金时代的女明星海蒂·拉玛(CorelDRAW 软件的包装上曾使用过她的照片)让人记忆尤为深刻的是_____。

(a) 曾经发表言论:"任何女孩都可以是楚楚动人的。她只要傻傻地站在那里就行了。"

(b) 第二次世界大战期间发明了用于引导鱼雷的跳频无线电控制系统

(c) 获得了 1997 年的电子学前沿基金会奖

(d) 以上皆是

答案:

1. (d) 华盛顿纪念碑

来源:*Scientific American*, Special issue on the Solid State Century, January 1998.

2. (c) 约 15000

根据美国医疗器械和辐射健康中心(隶属于美国食品和药品管理局)的统计数据,美国脑癌的发病率约为每 10 万人每年新增 6 例。因此,无论是否使用手机,预计 2.5 亿人中每年会新增约 15000 人脑癌病例。一个悬而未决的关键问题是,使用手机的人患某种特定癌症的风险是否高于其他人群。目前,"现有的科学证据并未证实使用手机对健康有任何不利影响。"

来源:FDA's Consumer Update on Mobile Phones, October 20, 1999.

3. (b)镝

来源：*The Economist*，November 7-13，1998.

4. (b)第五

马可尼获得了30%的选票，排在它前面的是比尔·盖茨（48%）、亨利·福特（46%）、莱特兄弟（41%）和 ENIAC 计算机的开发者约翰·莫奇利（38%）。

来源：*USA Today*[Online]. November 9，1999.

5. (d)卡拉拉

根据 G. 佩洛西的一篇文章（IEEE MTT Newsletter，1995 年秋季刊），意大利物理学家尼洛·卡拉拉是第一个在论文中使用"微波"（意大利语为 microonde）一词的人，该文 1932 年发表在《高频》（*Alta Frequenza*）的第一期。

6. (d)以上皆是

即使是人体也会产生微波辐射（作为其黑体辐射尾部的一部分）。

来源：*IEEE Potentials*，August/September 1997.

7. (a) 2.7 开尔文

1964 年的这一发现被认为是对大爆炸理论的有力实验支持。早些时候（1949 年）伽莫夫等在理论上预测了 5 开尔文的宇宙背景辐射（R. 莫里斯，《宇宙难题》，Wiley 出版社，1993 年）。顺便提一下，4.2 开尔文是液氦的正常沸点。

8. (b) 8500 个

来源：*The Economist*，November 7-13，1998.

9. (b) Les Horribles Cernettes 女子乐团

据《纽约时报》1998 年 12 月 29 日的报道，Cernettes 是一个四人业余歌唱女子组合（成员时有变化），她们几人都是总部设在日内瓦附近的欧洲核子研究中心（CERN）高能物理实验室的员工。词曲作者为 CERN 的计算机科学家席尔瓦诺·德·根纳罗。以下是《微波之恋》这首歌的开场白（下载自 CERN 网站）：

自从你告诉我，我是温暖你心的那个人

我的心在燃烧

我的爱是如此博大，当你遇到我

我在微波爱恋中融化和燃烧。

再来一遍,准备好了吗?

10. (d)以上皆是

参见1.1节的介绍,此处不再赘述。

第 10 章
终生学习

"没有科学的跨界,就不会产生丰硕的科学成果。如果你只想成为一个狭隘的书呆子,那就离开科学界去邮局找份工作吧!"

——理查德·恩斯特(1933—2021 年)
1991 年诺贝尔化学奖获得者

10.1 回到基本原理

海森堡计划在美国麻省理工学院开展一场讲座。他路上耽搁了时间,因此开着租来的车向剑桥镇飞奔而去。警察将他拦下并质问道:"知道你刚才开车有多快吗?"

海森堡愉快的回答:"不知道。但我知道我在哪儿。"

麻省理工学院的材料科学家迈克尔·鲁布纳给我讲了这个笑话,同时还遗憾地说:"如果你在某个鸡尾酒会上讲这个笑话,所有人都会从你身旁蓦然走过;而如果你是在 500 名麻省理工学院新生面前讲这个故事,大家一定会欢呼起来。"

查尔斯·珀西·斯诺既是小说家,也是物理学家。他曾在半个世纪前发表演讲,并在《两种文化》一书中提出了他对人文文化和科学文化的理解。蒂姆·

亚当斯在《观察家报》中指出,斯诺有时候会利用宴会之类的场合来进行小测试,以阐述他关于两种文化之间存在巨大鸿沟的观点。

知识链接：

本节开头的冷笑话看明白了吗？海森堡不确定性原理,粒子的位置和动量只能准确得知其中之一。海森堡是德国著名物理学家,1932年获得诺贝尔物理学奖。

他说:"我曾参加很多社交活动。按传统文化标准考量,参会者都受过良好教育,且非常热情地表达了他们对我提出的科学无知现象的怀疑。曾有那么一两次,我被激怒并问谁能解释热力学第二定律。反应非常冷淡,效果也不好。但我问的这个科学问题有点像个人文问题:你曾阅读过莎士比亚的作品吗？"

《观察家报》决定开展一次非正式的采访,以判断是否真的存在斯诺所说的文化鸿沟。他们向由三位作家、三位科学家和两位主持人组成的社会名流群体询问科学问题,而结果则有力地证实了斯诺的判断。以下是部分访谈内容：

问题:天空为什么是蓝色的？

克里斯蒂·沃克(BBC主播):因为它反射了地球上的海水……(我建议读者翻阅本书第2章以得到正确答案)。

问题:当你打开灯时发生了什么？

约翰·奥法雷尔(作家):我现在已经精疲力竭了。我真的不知道。

曾获得普利策奖的科学作家娜塔莉·安吉尔与《纽约时报》分享了她对于新时代科学知识暗区的应对方法。她的新书《科学的九堂入门课》(*The Canon: A Whirligig Tour of the Beautiful Basics of Science*)介绍了包括概率论和分子生物学等在内的基本科学概念。例如,在介绍带电体时,她试着去探究电荷的意义。安吉尔记录了物理学家拉马姆提·尚卡尔的看法:"电荷是一种态度,它本身没有任何意义。这与说某人具有个人魅力类似。"那么关于热力学第二定律("熵"),斯诺的科学素养测试又得到了怎样的结果?安吉尔说:"'熵'有点像在一个雨夜,你遇到一辆亮着'停止服务'指示灯的出租车……我见到的对于热力学第二定律的最暗黑的解读是,这个宇宙的血管中仿佛有一个吗啡滴注器一般。"

安杰尔关于打破文化鸿沟的理论依据是:"当然,你应该了解科学,这就如同'应无所住,而生其心'的理论一样,这些事情很有趣,而有趣就够了。"对我而言,这已经足够好了。

知识链接:

本节最后一段中,安杰尔原本引用了苏斯博士所著 *One fish*,*Two fish*,*Red fish*,*Blue fish* 绘本中"sing with a Ying"和"play Ring the Gack"两句。译者认为这和《金刚经》中"应无所住,而生其心"的学说是一致的,都是强调恢复我们的清净心,而非功利性的谋事。这样的意译,也许更便于读者理解。

参考文献

[1] N. Angier, *The Canon*:*A Whirligig Tour of the Beautiful Basics of Science*,Houghton Mifflin, 2007.

[2] C. P. Snow, *The Two Cultures*, Cambridge University Press, 1993 (a new edition with an introduction by Stefan Collini).

[3] T. Adams, "The New Age of Ignorance," *The Observer* [Online]. Available: http://www.theguardian.com/science/2007/jul/01/art (accessed December 17, 2015).

[4] R. Bansal, "AP-S turnstile: roses are red, violets are blue…," IEEE Antennas and Propagation Magazine, pp. 128-129, August 2005.

[5] For a refresher on the Heisenberg Uncertainty Principle, try for example: http://hyperphysics.phy-astr.gsu.edu/hbase/uncer.html (accessed May 10, 2016).

[6] For a more prosaic definition of entropy (and the second law of thermodynamics), see for example: http://hyperphysics.phy-astr.gsu.edu/hbase/therm/entrop.html (accessed May 10, 2016).

10.2 颂祷唱诗班？

2005年，艾迪逊-维斯利出版社推出了《费曼物理学讲义》一书，其中包括费曼和其他人对经典物理学教材的升级与修订。后来出版的《费曼物理学讲义补编》包括了费曼未曾发表的四篇讲义。在1963年版的自序中，费曼解释了他编写这部讲义的动机：

"我们想要在讲义中抓住的特殊问题是，要使充满热情而又相当聪明的高中毕业生进入加州理工学院后仍能保持学习的兴趣……他们所学的只是传统课程中的斜面、静电学等内容，两年后难免会有一种味同嚼蜡的感觉。因此，问题在于我们能否设置一门课程来兼顾那些比较优秀的、兴致勃勃的学生，使其保持求知的热情。"

费曼的著作被翻译成了很多种语言，全球很多物理专业的学生都在使用他的讲义。近年来，一些物理学家致信《今日物理学》杂志，对《费曼物理学讲义》给予了高度的赞誉。然而回到1963年，费曼对自己的这种教学方式能否成功并无把握。他在自序中写道：

"当我看到大多数学生在考试中采取的解题方法时，我认为这种教育方式是失败的。当然……也有一二十个学生非常出人意外地几乎能够理解课程中的所有内容……我相信，这些人已经具备了一流的物理基础，而且他们毕竟是我想要培养的学生。然而,正如吉本斯所说:'教育之力量鲜见成效,除非施之于天资敏悟者,然若此又实为多余。'"

知识链接:

《费曼物理学讲义》由费曼与罗伯特·雷顿、马修·桑德斯合著,根据费曼在加州理工学院1961—1962学年所讲的物理学导论课程编写而成。全书分为3卷:第一卷主要内容涉及力学、电磁学、光学、量子力学、统计物理等,第二卷主要讲述电磁学,第三卷主要涉及量子行为。

费曼的物理学系列讲义是否与电影《颂祷唱诗班》的精神有些类似?我们最优秀的物理学教育家是否应该撒下一张更大的网?因发现玻色-爱因斯坦凝聚而获得2001年诺贝尔物理学奖的卡尔·威曼决定走一条"惠及大众"的道路。在《今日物理学》的一篇文章中,威曼提出了这样一个问题:

知识链接:

《颂祷唱诗班》是2005年上映的一部美国电影,讲述了一对孪生兄弟的故事,其中一个是牧师,一个是街头混混。唱诗班能否让混混"浪子回头"?答案当然是肯定的。不论是本节中各位物理学大师的反思,还是电影《颂祷唱诗班》的剧情,似乎都有孔子倡导的"有教无类"的精神。

"我们开展科学教育时,有没有统计过所有的学生中成功概率有多高?过去的目标主要着眼于培养一小部分未来能够成为科学家的人,但现在这个目标应该改变了。"

在接受《纽约时报》访谈时,目前在美国斯坦福大学任教的威曼强调:

"很多科学教授在教学过程中只冀望于培养出更多的科学家。他们最终只能带出千分之一的学生。对整个社会而言,这不是好事情。这种模式培养出来的公民会认为科学与他们的生活无关。"

威曼曾为科罗拉多大学非科学专业的本科生开设了两学期的课程。"日常生活中的物理学"项目用他获得的诺贝尔奖为"能够在课堂上进行迥异尝试的人和技术"付费,"这笔经费的很大一部分都被付给那些能够和我一起创造交互式模拟条件,从而给学生传授基本物理概念的人。"

除了截然不同的教学方法和受众之外,费曼和威曼在一个问题上所见略同:使同行相信我们需要转变教育方式不是一个简单事情。《费曼物理学讲义》的共同作者之一马修·桑德斯曾经回忆道,当年他最初提议修订加州理工学院的物理学教程并邀请费曼来授课时,学校的反应并不热情。另一位《费曼物理学讲义》的共同作者罗伯特·雷顿最初也认为:"这不是个好主意。费曼从来没有给本科生上过课。他不知道如何与本科新生交流,或者说不知道如何给他们传授知识。"威曼利用2004年的休假时间提出了29份关于革新科学教学方式的提案。尽管拥有诺贝尔奖获得者身份,但他的28份提案都被拒绝了。幸运的是,威曼并未放弃。

参考文献

[1] M. Sands, "Capturing the wisdom of Feynman," *Physics Today*, pp. 49-55, April 2005.

[2] Physics Today website [Online]. Available: http://scitation.aip.org/content/aip/magazine/physicstoday(accessed December 17, 2015).

[3] C. Wieman and K. Perkins, "Transforming physics education," *Physics Today*, pp. 36-41, November 2005.

[4] C. Dreifus, "Physics Laureate Hopes to Help Students Over the Science Blahs," *The New York Times*, November 1, 2005.

[5] Interactive Simulations for Science and Math [Online]. Available: http://www.colorado.edu/

physics/phet/web-pages/index.html (accessed December 17, 2015).

10.3　林道诺贝尔奖得主者大会

"没有科学的跨界，就不会产生丰硕的科学成果。如果你只想成为一个狭隘的书呆子，那就离开科学界去邮局找份工作吧！"

——理查德·恩斯特
1991 年诺贝尔化学奖获得者

世界经济论坛在瑞士达沃斯举办的年度会议——每年一月，全球商界和政界的大人物加上少量知名学者会云集阿尔卑斯山下，讨论当今紧迫的全球问题（气候变化，还有吗？）。天气暖和点之后，在距离达沃斯不远的林道这个巴伐利亚小镇上（库斯坦茨湖旁）将举行另一个年度会议——此时林道每平方米面积所聚集的才智将接近德尔塔函数。这就是林道诺贝尔奖得主者大会，在这里曾经获得诺贝尔奖的学者可以与受邀的年轻科学家自由交流。

林道会议是由德国物理学家弗朗茨·卡尔·海因和古斯塔夫·帕拉德发起的，旨在协助战后德国实现"智力复苏"。第一届会议于 1951 年 6 月召开，7 位诺贝尔奖获得者与大约 400 位物理学家和研究者进行了交流。而聚焦于跨学科研究的 2010 年度会议史无前例地邀请到 61 位诺贝尔奖获得者，以及来自 72 个国家的 650 多位年轻学者参会。

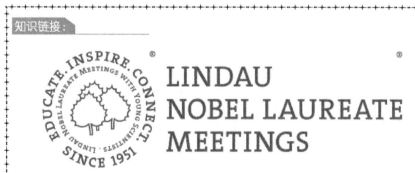

林道诺贝尔奖得主者大会会徽。2022 年 6 月 26 日—7 月 1 日召开了第 71 届林道诺贝尔奖得主者大会，距离"百年老店"已经不远。如何能让学术会议焕发长久的生命力？林道诺贝尔奖得主者大会的经验值得我们借鉴。

改变世界的电磁波

为了呼应 2010 年的林道会议,英国《自然》杂志专门设立了网站,年轻学者(实际上包括任何好奇者)可以在网站上向参会的诺贝尔奖获得者提问。大家也可以在该网站上对这些问题投票。当投票时间截止时,网友们共计提交了 205 个问题,并有超过 14000 人为这些问题投票。《自然》杂志挑选了一些问题,并把诺贝尔奖获得者的答案发表在了一期增刊上。为了激发各位的好奇心,我挑选了两个典型的问题与答案:

问题:在尚未看到任何应用前景时,如何让公众认可基础研究的重要性?

阿诺·彭齐亚斯(因发现宇宙微波背景辐射的存在而获得 1978 年诺贝尔物理学奖)回应说:"与其推广'基础研究'这样一个抽象概念,还不如聚焦于对研究型大学的支持,同时还要关注它们能够创造和培育善于发现和解决问题的环境——这是人类文明进步的关键所在。它们所产生的社会效益比比皆是,最明显的就是围绕着它们而涌现出来的众多'硅谷'。"

问题:您认为哪项发现最有望在 21 世纪引发科技革命?

知识链接:

2011 年,IBM 公司的 Watson 超级计算机在《危险边缘》(Jeopardy)益智节目中战胜了两位人类冠军。这标志着人工智能技术的又一次飞跃。值本译著出版之际,ChatGPT 这一人工智能产品又吸引了全球的关注。

赫拉尔杜斯·霍夫特(因在组成宇宙的粒子运动方面的开拓性研究而获得

1999年诺贝尔物理学奖):"我认为有很多科学发现会引发科技革命,但有一个领域比其他领域的发展都要快,即信息和通信技术。我认为真正的人工智能技术(能够学着像人类那样思考的计算机程序)将产生巨大的影响。现在有很多科学家认为这是不可能的,但我不这样想。如果我们能够实现这样一种智能,它将远比人类聪明。人工智能技术的影响和潜在的威胁难以估量——我并不担心这种技术会颠覆人类,而是怕掌握这项技术的人会拥有无与伦比的力量。"大家应该注意到了,霍夫特说这番话的时候,IBM的沃森计算机系统还没有在《危险边缘》(*Jeopardy*)电视益智节目中战胜人类对手。

参考文献

[1] M. Greyson, "Curiosity aroused,"Nature, vol. 467, no. 7317, Suppl. S2-S3, 14 October 2010. Available online:http://www.nature.com/nature/journal/v467/n7317 _ supp/index.html#out (accessed December 18, 2015).

[2] World Economic Forum website [Online]. Available:http://www.weforum.org/ (accessed December 18, 2015).

[3] The Lindau Nobel Laureate Meetings website [Online]. Available:http://www.lindau-nobel.org/ (accessed December 18, 2015).

[4] J. Simmons, "Lindau and the zeitgeist,"Nature, vol. 467, no. 7317, Suppl. S14–S15, October 14, 2010. Available online:http://www.nature.com/nature/journal/v467/n7317 _ supp/index.html#out (accessed December 18, 2015).

[5] Nature Outlook:Science masterclass,Nature, vol. 467, no. 7317, Suppl. S1-S23, October 14, 2010. Available online:http://www.nature.com/nature/journal/v467/n7317_supp/index.html#out (accessed December 18, 2015).

10.4 魔镜啊,21世纪最伟大的方程是哪个?

身为哲学家和历史学家的罗伯特·克雷斯是美国《物理世界》杂志的专栏作家;2003年,他请读者协助他评选有史以来最伟大的方程组。他承认这项工作受到了格雷厄姆·法米罗所著《天地有大美——现代科学之伟大方程》一书的启发。法米罗提到的"现代"(modern)一词是指21世纪,因此法米罗的参与者所涉及的公式包括了相对论、信息理论(香农公式)和德雷克方程(可能与我们接触的银河系内外高等文明的数量)等,而麦克斯韦方程组并没有包括在内。有趣的是,弗兰克·维尔切克描述狄拉克方程时,通过引自海因里希·赫兹的一段话来委婉地向麦克斯韦方程组致敬:"人类无法摆脱这样一种感觉——这些数学公式自然存在且智慧非凡,甚至比它们的提出者更聪明,我们从它们那里得到的远多于我们最初赋予它们的。"

知识链接:

格雷厄姆·法米罗所著《天地有大美——现代科学之伟大方程》。"天地有大美"的译法来自《庄子·知北游》的"天地有大美而不言,四时有明法而不议,万物有成理而不说"。

克雷斯寻找史上最伟大的科学方程式的行为是有先例的,例如,迈克尔·吉伦出版过一本名为《改变世界的五个方程式——论数学的力量与诗意》的著作。吉伦的清单包括了牛顿万有引力定律、伯努利的动水压力定律、爱因斯坦的相对论 $E=mc^2$、克劳修斯的热力学第二定律以及法拉第电磁感应定律。

知识链接:

迈克尔·吉伦所著《改变世界的五个方程式——论数学的力量与诗意》。

在 2004 年 10 月的《物理世界》杂志中,克雷斯向大家报告了他寻找有史以来最伟大方程的投票结果。纯粹主义者可能会纠结于公式、方程和恒等式等专业词汇的差别,但克雷斯选择了一种广义的解读方式。他在评选过程中回避了什么样的公式可以称为伟大,因为这是一个仁者见仁、智者见智的问题。假如简洁是唯一的检验标准,那么其他公式就很难击败 1+1=2 这样一个"极简派",况且这个公式确实有着众多的赞赏者。涉及的其他因素包括实用性(如复利公式)和历史关联性(如巴尔默关于氢原子可见光谱中四条线用一个经验公式来代表的论断可以追溯到一个世纪之前的波尔氢原子模型)。

两个收到最多投票的是欧拉公式和麦克斯韦方程组。对于欧拉公式($e^{i\pi}+1=0$),一位参与调查者反问道:"实虚相作,虚空乃生,何以奇之?"而对于麦克斯韦方程组,我认为哲学家伊曼努尔·康德在另一个语境中的描述借用于此显得非常恰当:"当我们发现如果两个或多个异质的经验性自然规律能够统一在一个原则之下,这是令人欣喜的⋯⋯这种敬佩将长久不衰。"我将借助费曼的洞察来为麦克斯韦方程组奏响赞歌:"从人类历史的长远观点来看——假如过了 1 万年之后再回头看——毫无疑问,麦克斯韦对电磁学定律的发现依然是 19 世纪中发生的最重要事件。与这一重要科学事件相比,在同一个 10 年中发生的美国内战只是一个地区性琐事,无法与其相提并论。"

10.5 节将从另一个视角探讨"最伟大方程"问题。

参考文献

[1] R. P. Crease, "The Greatest Equations Ever," *PhysicsWorld*, May 2004.

[2] G. Farmelo (ed.), It Must Be Beautiful: Great Equations of *Modern Science*, Granta Books, 2002.

[3] J. C. Taylor, "Book Review- It Must Be Beautiful: Great Equations of Modern Science," *PhysicsWorld*, March 2002.

[4] M. Guillen, *Five Equations That Changed the World: The Power and Poetry of Mathematics*, Hyperion books, 1996.

[5] D. Bodani, E = mc2: *A Biography of the World's Most Famous Equation*, Walker & Company, 2000.

[6] R. P. Crease, "The Greatest Equations Ever," *Physics World*, October 2004.

[7] R. Feynman, R. Leighton, M. Sands, *The Feynman Lectures on Physics*, Vol. II, Addison-Wesley, 1964.

10.5 评选十大经典方程

2005年4月,我在题为《有史以来最伟大的方程》专栏文章末尾留言,请读者和我分享他们最喜欢的方程。阿隆·洛夫将一篇题为《最重要的十个方程》的文章发给我,这篇文章10年前发表在IEEE为学生设立的杂志《潜力》(*Potential*)。作者麦克请他身边的电气工程师同事列出在他们心中对人类文化影响最为巨大的10个方程。麦克预见性地认为每个人都会选择麦克斯韦方程组,因此他建议参与者可以将这4个公式视为1个,从而选择他们心仪的另外9个方程。麦克基于收到的反馈整理出了以下清单,其中方程的提出时间大约跨越了300年:

(1) 牛顿第二运动定律;

(2) 牛顿万有引力定律;

(3) 热力学第二定律;

(4) 麦克斯韦方程组;

(5) 纳维-斯托克斯方程(流体动力学);

(6) 斯忒潘-玻耳兹曼定律(黑体辐射);

(7) 相对论;

(8) 洛伦兹变换;

(9) 薛定谔波动方程(量子力学的基础);

(10) 香农采样定理。

在收到阿隆·洛夫发这份"极为震撼"的列表后不久,一位电气工程师同行也发给我了一份针对其中一项方程的颇为激进的引文(这段引文来自耶鲁大学罗伯特·阿代尔的《棒球中的物理学》一书):

"几乎所有的流体动力学问题都会遵循一个被称为纳维-斯托克斯方程的差分方程。然而这个一般方程在实际中并没有为任何实际问题提供解决方案。从这个意义上说,我们还没弄明白棒球的曲线问题。《美国物理学杂志》的资深

主编、荣休教授罗伯特·罗默告诉我,一位赫赫有名的物理学家曾对他说:

知识链接:

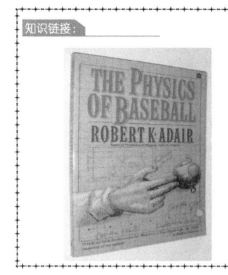

耶鲁大学罗伯特·阿代尔出版的《棒球中的物理学》。

"两个悬而未决的问题深深吸引着我:第一个问题是统一场论(描述宇宙的基本结构和形成);第二个问题是,棒球为什么会沿曲线旋转行进?我认为,第一个问题也许在我的有生之年能够得以解决,但我对第二个问题不抱有任何幻想。"

如果哪位读者知道能科学解释曲球的公式,请务必写信给我。

参考文献

[1] R. Bansal, "Mirror, mirror on the wall: who's the fairest of them all," *IEEE Antennas and Propagation Magazine*, vol. 47, no. 2, pp. 104-105, April 2005.

[2] R. Adair, *The Physics of Baseball*, Perennial (HarperCollins), 1990.

10.6 新年定律(决心)

在新年到来之际下一个决心不难,但它能持续多久?难就难在这儿了!相反,身为科学家和工程师的我们希望用新年的这段时间来思考,多年来在所从事技术领域中观察到的哪些持久的模式可以整理为不变的定律(至少是在新的实验数据将之赶下神坛之前)?作为奖励,这项定律将会以第一个对其进行系统阐述的人而命名。2003 年 IEEE 的某期《科技纵览》(*Spectrum*)杂志介绍了电气和计算机领域一些诸如此类的定律,其中就包括了广为人知的摩尔定律,即集成电路上可容纳的晶体管数量大约每 18 个月会增加 1 倍。因此认真考虑一下，如果你能根据自身的工作提出重要的学术理论并愿意以自己的姓氏为之命名，请写信给我，我将在后续的专栏文章中与读者分享。为了给你的创造力来一点启示，下面将介绍由自然科学家和社会科学家们提交的、刊载在在线杂志 *Edge* 中的"新"定律。

戴森人工智能定律

任何简单到可以理解的系统都不会复杂到足以智能地运行，而任何复杂到可以智能地运行的系统都将复杂到难以理解。

（乔治·戴森一直在追溯 300 年来的数字革命史和史前史。）

巴罗第一定律

任何简单到可以被理解的宇宙都太简单了，以至于无法产生能够理解它的思想。

（约翰·巴罗是剑桥大学应用数学与理论物理系的数学科学研究教授。）

摩尔定律是由戈登·摩尔（Gordon Moore）提出的。戈登·摩尔（1929—2023 年）1950 年在加州大学伯克利分校获得化学学士学位，1954 年在加州理工学院获得化学博士学位。他早期在威廉·肖克利半导体公司工作，而后和集成电路的发明者罗伯特·诺伊斯等 8 人集体辞职并就职于史上有名的仙童半导体（Fairchild Semiconductor）公司。1968 年，摩尔和诺伊斯一起创办了 Intel 公司，他本人先后担任首席执行官和董事长等职务。2000 年，他和妻子贝蒂一起捐款 50 亿美元，发起成立了"戈登·摩尔与贝蒂·摩尔基金会"，旨在促进科技创新、环境保护等事业。

麦考达克定律

对任何科学或技术未来的线性预见好似宣传口径一般,尽管说服力很强,但往往总是错的。

(帕梅拉·麦考达克出版了 7 本著作。)

戴森过时定律

如果你在书写历史并试图确保它在距今为 T 的时刻是最新的,他将在现在之后的 T 时刻过时。

这一定律也适用于科学综述类论文。

(弗里曼·戴森是普林斯顿高等研究院的荣休教授。)

马多克斯第一定律

那些嘲笑"不发表,就出局"现象的人其实最渴望看到自己的稿件得以快速发表并受到广泛关注,也最不愿意看到自己的稿件被删减。

马多克斯第二定律

本应深刻理解作者工作的审稿人其实最容易忽视文章中的学术成就,而且这些审稿人特别善于发现文章中的微小瑕疵,尤其是打印错误。

(约翰·马多克斯爵士(1925—2009 年)担任《自然》杂志的主编长达 29 年。)

道金斯困难守恒定律

学术议题中蒙昧主义的拓展将填补其固有简约性的真空。

知识链接:

查尔斯·西蒙尼是美国微软公司的早期员工之一,曾任微软公司产品开发主任,2007 年从微软辞职。"所见即所得"(What you see is What you get)这一概念就是由他提出的。他向牛津大学捐助设立了西蒙尼公众理解科学教授职位。他还是狂热的航天"发烧友",曾于 2007 年和 2009 年两度自费搭乘"联盟号"飞船前往国际空间站。

（理查德·道金斯是遗传生物学家，还曾担任牛津大学查尔斯·西蒙尼公众理解科学教授。）

参考文献

[1] "Commandments," *IEEE Spectrum*, pp. 30–35, December 2003.

[2] The website for the organization 'Edge'[Online]. Available：https://edge.org/contributors/whats-your-law (accessed December 18, 2015).

10.7 犹在镜中

凯文·凯利在《连线》(*Wired*)杂志的文章中认为,互联网产业的成形始于 1995 年网景公司成功进行的首次公开募股(Initial Public Offering, IPO)。在纪念互联网"诞生"十周年的一篇文章中,他决定翻阅历史文献,看看在网景公司 IPO 前专家对互联网未来的看法,然而他的发现让人尴尬。1994 年底出版的《时代》(*Times*)杂志分析了互联网无法在主流文化中赢得一席之地的原因："它(网景公司 IPO)不是为商业目的而设计的,也没有优雅地容纳新来者。"美国《新闻周刊》(*Newsweek*)更是轻蔑地在 1995 年 2 月发表了一则头条新闻："互联网？呸！"

知识链接：

凯文·凯利(Kevin Kelly)是《连线》(*Wired Magazine*)杂志的创始人和第一任主编,常被大家称为"KK"。他被认为是"网络文化"(Cyberculture)的发言人和观察者。据称著名导演沃卓斯基在拍摄电影《黑客帝国》(*Matrix*)时,将凯文·凯利的著作《失控》(*Out of Control*)指定为全体演职人员必读的三本书之一。

凯利的反思使《纽约时报》的彼得·艾迪丁也开始研究无线电、电视和电影

等类似颠覆性技术的历史,看看早年用户对它们是如何评价的。以下是他总结的一些精华:

1915 年,电影大亨大卫·格里菲斯接受了《时代》杂志的采访,畅谈了他对电影未来的看法。他预测说:"10 年内,公立学校的所有课程都将采用动画授课,这一天会到来的。孩子们不再会被迫去阅读历史。"

1921 年,俄国诗人韦利米尔·赫列勃尼科夫在《无线电的未来》中进行了如是畅想:"无线电台的铁塔高耸入云、电线密布,下方挂着骷髅头标志的'危险'警示牌。无线电设备的突然中断会导致整个国家的人民短时失去知觉。"

1939 年,也就是美国无线电公司(Radio Corporation of America,RCA)对纽约世博会开幕式进行电视直播的那一年,《时代》杂志评价说:"电视存在这样一个问题——人们需要坐在那里,眼睛盯着屏幕,普通的美国家庭可没那么多时间。因此,我们确信电视无法成为广播的有力竞争对手。"

知识链接:

1939 年纽约世博会 RCA 馆。RCA 公司创立于 1919 年,曾是美国科技产业中一股不可忽视的力量,在电视机、半导体、雷达乃至空间技术等诸多领域均做出了杰出贡献。该公司 1985 年被通用电气(GE)公司并购。

那么在 21 世纪到来之际,专家是如何看待互联网技术的未来呢?2004 年底,美国伊隆大学联合皮尤网络与美国生活项目开展了调查活动,请科技领导者和学者们预测未来 10 年的网络发展。他们的发现包括:

(1) 2/3 的专家预测未来 10 年内国家电网和网络信息基础设施至少会遭受一次严重的攻击。有些专家甚至认为未来这种严重的攻击行为可能会成为常态。

(2) 59%的专家预测随着计算装置在家用电器、汽车、手机甚至衣物中的广泛应用,政府和商业机构将加强监管。

(3) 57%的专家预测正规教育将更多的使用虚拟课堂,孩子们的分组将更多地基于兴趣和技能而不是年龄。

(4) 56%的专家预测,随着电讯技术和在家教育的发展,家庭动力学会发生变化,工作和休闲的界限也会模糊化。

(5) 54%的专家期待创意新时代的到来,届时人们可以依托互联网彼此合作并共享音乐、艺术和文学作品。

(6) 53%的专家预测家庭和办公场所中所有的音频、视频、打印文件和话音通信将通过互联网以流媒体的方式传输到负责协调的计算机中。

凯文·凯利在《连线》杂志中发表了战略远景:"每个星球的历史上,居民只有一次将无数的部件组装为一台巨型机器的机会,而你和我都处在这一刻。随后这台机器将越来越快地转动,而它出生的时间就定格在历史上的那一刻。300 年后,当后人的敏锐大脑回顾历史……这将被视为世界上最庞大、最复杂且最惊人的事件。"

参考文献

[1] K. Kelly, "We Are the Web," *Wired*, August 2005.

[2] P. Edidin, "Confounding Machines: How the Future Looked," *The New York Times*, August 28, 2005.

[3] Imagining the Internet. Elon University website [Online]. Available:http://www.elon.edu/e-web/imagining/default.xhtml (accessed December 18, 2015).

[4] There is no shortage of books that paint a rosy future for the internet. Here is one that takes a skeptical view: A. Keen, *The Internet is Not the Answer*, Grove, 2016.

10.8　比小说还奇幻?——雷·库兹韦尔的预言

"我将永生

我要学会飞

高飞"

以上这些高亢的歌词来自当年的流行金曲《名扬四海》(Fame)。在我们这些凡夫俗子看来,"永生"二字可谓痴心妄想,但未来主义者雷·库兹韦尔一直在认真地看待这个问题。我是通过黛博拉·鲁道夫了解到库兹韦尔的,她在担任 IEEE-USA 技术政策活动(Technology Policy Activities)项目经理时,曾根据对库兹韦尔的采访在《信息周刊》(InformationWeek)发表了一篇文章。面对未来学这样的"玄学",我的本能反应是先要核查鼓吹这些大胆主张者的善意。

雷·库兹韦尔被《华尔街时报》誉为"永不满足的天才"。《福布斯》杂志称其为"终极的思考机器",名列美国企业家榜第八名,并认为他是爱迪生的衣钵传人。美国公共广播公司(Public Broadcasting Service,PBS)将他列入 16 位"创造美国的革命者"之一。他在 2002 年被美国专利局列入美国发明家名人堂。他还获得了莱梅尔逊奖的 50 万美元奖金,以及 1999 年的美国国家技术奖。他的网站认为他对诸多技术做出了开创性贡献,如字符识别技术、第一台盲人阅读机、第一台 CCD 平板扫描仪、第一台语音合成器、能重现钢琴和其他管弦乐器的音乐合成器以及第一台商业化的大词汇量语音识别系统。他的著作《奇点临近》受到了广泛赞誉,比尔·盖茨称他为"我们这个时代伟大的未来主义者",马文·明斯基则称赞他是"人工智能技术的杰出实践者"。

库兹韦尔认为计算技术和纳米技术的加速发展将在可预见的未来产生深远的影响。例如到 21 世纪 20 年代,价值 1000 美元的计算能力将比人脑强大 1000 倍;而在 25 年内我们的计算能力将提高 10 亿倍。纳米技术将帮助每个人用新机体或更生的机体来替换"人体 1.0 版本"。正如库兹韦尔指出:"我们最终将能够停止衰老过程并避免死亡。"

库兹韦尔的其他预测如下:

(1) 在 21 世纪 30 年代末将实现人类记忆的备份。

(2) 到 21 世纪 20 年代,微型机器人将在我们的血管内循环并开展必要的修复工作。(还记得 1966 年电影《神奇旅程》(Fantastic Voyage)中在人体内穿行的微型搜救潜艇吗?巧合的是,库兹韦尔曾与人合著过一本与该话题不相关的书,名字也是《神奇旅程》。)

(3) 到21世纪20年代,人类的寿命有望每年增加1岁多。

(4) 当你在街上偶遇某人,他的背景信息将在你的视场中"闪现"而出。(您可能会想起电影《奇幻人生》(Stranger Than Fiction)中伴随主人公动作的画面。)

(5) 库兹韦尔认为,在"回春医疗"这一新兴领域,将能够用皮肤细胞制造出新的心脏细胞,进而通过血管将其引入人体系统。

一位书评家对库兹韦尔发表了这样的看法:"引人注目的不是他令人兴奋的视角没能使人信服——考虑到他预测的范围是如此之广,这种情况是不可避免的——而是他的这些预见完全可信。"

知识链接:

本节已经详细介绍了库兹韦尔本人。参考10.6节,这里将补充介绍"库兹韦尔定律",也称为"加速循环规则":技术的力量正以指数级的速度迅速向外扩充。人类正处于加速变化的浪尖上,这超过了人类历史的任何时刻。库兹韦尔说,更多的、更加超乎我们想象的极端事物将会出现。这意味着什么?到那个时候,一个刚出生的小孩相当于现在的一个大学毕业生。库兹韦尔相信,贫穷、疾病和我们所依赖的能源之类的话题都将被称为过去式。

《名扬四海》是1980年上映的美国电影,由艾伦·帕克导演。这部电影讲述了来自各个阶层和家庭背景的青少年怀着不同的梦想前来应考,经历各种挑战和奋斗之后,有人成功,有人失败,也有人从表演中吸收到人生经验而成长。本节开头的歌词来自这部电影的同名插曲。

参考文献

[1] S. Gaudin, "Kurzweil: Computers will Enable People to Live Forever," *Information Week*, November 21, 2006. Available online: http://www. informationweek. com/story/showArticle. jhtml? articleID=195200003 (accessed December 18, 2015).

[2] A brief biography of Ray Kurzweil is available online at http://www. kurzweiltech. com/ ray-speakerbio. html (accessed December 18, 2015).

[3] R. Kurzweil, *The Singularity is Near: When Humans Transcend Biology* (paperback), Penguin, 2006.

[4] The *Publishers Weekly* review is available online at: http://www. amazon. com/Singularity-Near-Humans-Transcend-Biology/dp/0670033847 (accessed December 18, 2015).

[5] Ray Kurzweil's recent book *How to Create a Mind: The Secret of Human Thought Revealed* (Penguin, 2013) discusses how to reverse-engineer the human brain.

10.9 高频技术的教育:您怎么看?

"……教育应该是理解力的积累,而不仅仅是对事实的积累……"

——大卫·波泽为《微波工程》所写的序言

对于大卫·波泽教授在《微波工程》一书序言中提出的这个观点,几乎不会

改变世界的电磁波

有读者提出异议,无论他是高频技术领域(射频/微波技术)的教师还是职业工程师。但我们需要做出选择,在设计一本教科书时应该纳入哪些事实,或者说应该更广泛地把哪些高频技术纳入课程体系。

知识链接:

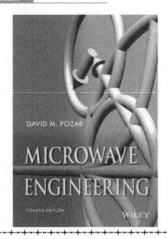

大卫·波泽教授撰写的《微波工程》(Microwave Engineering)一书是电磁场与微波技术领域的经典著作。遗憾的是,译者当时确实没有注意到大卫·波泽教授在序言中的精彩言论。

在2005年为IEEE《微波杂志》撰写的文章中,美国圣地亚哥州立大学马杜·古普塔教授评论了射频/微波专业的课程设置问题。基于"思维全球化、行动本地化"的原则,他发现蓬勃发展的无线通信产业对本地雇员的需求影响着硕士生的课程选择。与之前几十年主导着高频市场的防务业务不同,极具成本意识而又呈现高规模导向的无线通信产业强调了混合信号设计、CAD/CAE 工具、电路优化和封装等问题的技术组合。考虑到需要掌握如此广泛的学科领域,古普塔总结说:"由于在保持特色的同时还需要为设计者引导未来的培训路径,因此微波领域的老师将会发现这项工作越来越困难。"

时任《高频电子学》(High Frequency Electronics)期刊主编的加里·布里德曾经撰写了一份关于高频技术教育最新趋势的报告。他注意到"通过几种方式已经实现了通识教育和专业训练之间的平衡",并提到了以下几个具体问题:

(1) 很多雇主期望硕士学位课程能够提供专项培训,这是因为"研究生程度的研究工作会包括网络管理、电波传播的新兴应用和可重构数字无线电等无线系统中的'热点'问题"。

（2）很多工程系已经在常规的电子工程项目中增加或改进了课程设置，以提高学生对射频、微波和无线技术的认知。

（3）随着无线技术的成熟，以及相关主题在很多大学中已经成为必须课程，关于"专项训练"和"坚实基础"之争已经没有意义。

（4）随着无线网络的普及，短期课程一类的终生学习（也就是继续教育）由于能够涵盖从 CMOS 射频集成电路到经济分析等众多领域而"将在未来几年中（对传统教育方式）形成极大的挑战"。

在附于报告之后的评论中，布里德通过自己的生活体验反思了有关高频教育的陈词滥调以探究背后的真理。受这篇评论的启发，我希望各位读者可以结合下列射频/微波教育中老生常谈的问题，与我分享您的思考和经验：

（1）大学学位只是一个开始。

（2）真浪费。他们应当尽快从高频技术的课程体系中将……课程去掉。

（3）我希望他们曾经教过我如何去……。

我期待着能在后续的专栏文章中分享您的回应。

参考文献

[1] D. M. Pozar, *Microwave Engineering*, 3rd ed., Wiley, 2005.

[2] M. S. Gupta, "Educator's corner: curricular implications of trends in RF and microwave industry," *IEEE Microwave Magazine*, vol. 6, pp. 58-70, December 2005.

[3] G. Breed, "Engineering education: embracing wireless and moving beyond," *High Frequency Electronics*, pp. 32-34, August 2006.

[4] G. Breed, "Those cliches about education are often true," *High Frequency Electronics*, pp. 6-7, August 2006.

译者简介

于晓乐：高级工程师。中国科普作家协会会员，全国专利信息实务人才，中国电子学会高级会员，陕西省知识产权技术调查官。长期从事科普教育和文化传播，作为核心成员参与多项陕西省科协科普项目。

倪大宁：高级工程师。毕业于西安电子科技大学，获得电磁场与微波技术专业硕士学位。中国电子学会高级会员，中国宇航学会高级会员。主要从事空间微波无源部组件的研发工作。

陈胜兵：毕业于西安电子科技大学，获得电子科学与技术专业博士学位。长期从事移动终端天线设计与研发工作。

崔万照：博士、研究员、博士生导师、国务院政府特殊津贴获得者、国家级领军人才、中国科普作家协会会员、全国科普工作先进工作者。长期从事科普教育和文化传播，作为项目负责人2021年获陕西省科协精品科普项目、2022年获陕西省科协所属省级学会科普主题活动特色科普项目，2022年获陕西省科协典赞·科普三秦年度科普人物。

魏强：高级工程师。毕业于哈尔滨工业大学，获得管理科学与工程专业硕士学位。主要从事航天科研管理工作，参与完成多项中国工程院战略咨询课题，曾任中国航天院士传记丛书编委会办公室成员。